suhrkamp taschenbuch 1273

Mircea Eliade, geb. 1907 in Bukarest, gest. 1986 in Chicago, war Professor für Religionsgeschichte in Chicago und Mitherausgeber der Zeitschrift *History of Religions*.
In deutsch erschienene Werke: *Auf der Mântuleasa-Straße*. Erzählung; *Das Mädchen Maitreyi*. Roman; *Der Hundertjährige; Die drei Grazien*. Erzählung; *Die Pelerine*. Erzählung; *Die Sehnsucht nach dem Ursprung*. Von den Quellen der Humanität; *Schamanismus und archaische Ekstasetechnik; Yoga*. Unsterblichkeit und Freiheit; *Kosmos und Geschichte*. Der Mythos der ewigen Wiederkehr; *Das Heilige und das Profane*. Vom Wesen des Religiösen.
Bei dem Versuch des Menschen, seine eigene Stellung im Universum zu deuten, so zeigt Eliade, lassen sich zwei einander prinzipiell entgegengesetzte Grundhaltungen unterscheiden: eine positive und eine negative. Die positive Haltung ist die des »›historischen (modernen) Menschen‹, der sich als Schöpfer der Geschichte erkennt und sich als solchen will«, die negative ist dagegen die des »Menschen der archaischen Kulturen«, der die Geschichte abwehrt, indem er alles Historische in ein System von Mythen und Archetypen einordnet. Alles Geschehen im Leben des Individuums wie der Gemeinschaft erhält exemplarische Bedeutung: das »Chaos« wird zum »Kosmos«, »Geschichte« zur »Wirklichkeit« beispielhafter Vorbilder, durch die sich der archaische Mensch untrennbar mit dem Kosmos und den kosmischen Rhythmen verbunden fühlt. Dabei zeigt sich, daß ein tieferes Verstehen uns scheinbar so fremder archaischer Kulturen also oft überraschende Einsichten in die Ursprünge unseres eigenen Denkens und Verhaltens zu vermitteln vermag.

Mircea Eliade

Kosmos und Geschichte

Der Mythos der ewigen Wiederkehr

Suhrkamp

Titel der französischen Originalausgabe:
Le mythe de l'éternel retour: Archétypes et répétition

Ins Deutsche übertragen von Günther Spaltmann
Die erste deutsche Ausgabe erschien 1953
im Eugen Diederichs Verlag, Düsseldorf.
Die vorliegende Ausgabe basiert auf der 1966
im Rowohlt Verlag, Reinbek bei Hamburg, als Band 260
von rowohlts deutscher enzyklopädie unter dem Titel
Kosmos und Geschichte erschienenen revidierten Fassung.
Umschlagbild: René Magritte, *Le faux miroir*.

suhrkamp taschenbuch 1273
Erste Auflage 1986
Insel Verlag Frankfurt am Main 1984

Lizenzausgabe mit freundlicher Genehmigung des Insel Verlag,
Frankfurt am Main

Satz: MZ-Verlagsdruckerei, Memmingen
Druck: Nomos Verlagsgesellschaft, Baden-Baden
Printed in Germany
Umschlag nach Entwürfen von
Willy Fleckhaus und Rolf Staudt

2 3 4 5 6 - 91 90 89

Inhalt

KAPITEL IV

DER »SCHRECKEN DER GESCHICHTE«

Vorwort zur französischen Ausgabe

Wenn wir nicht gefürchtet hätten, allzu ehrgeizig zu erscheinen, würden wir diesem Buch einen Untertitel gegeben haben: »Einleitung zu einer Philosophie der Geschichte«. Denn das ist im Grunde das Anliegen des vorliegenden Versuchs, mit der Besonderheit allerdings, daß er nicht den Weg der spekulativen Analyse des historischen Phänomens geht, sondern statt dessen die grundlegenden Vorstellungen der archaischen Gemeinschaften untersucht, die zwar auch eine gewisse Form der »Geschichte« kennen, sich aber alle Mühe geben, sie nicht zu beachten. Beim Studium dieser überlieferungsgebundenen Gesellschaften ist uns ein Zug immer ganz besonders aufgefallen: ihre Auflehnung gegen die konkrete, historische Zeit, ihre Sehnsucht nach einer periodischen Rückkehr zur mythischen Zeit der Uranfänge, zur »Großen Zeit«. Der Sinn und die Funktion dessen, was wir »Archetypen und Wiederholung« genannt haben, sind uns erst klar geworden, als wir den Willen dieser Gemeinschaften begriffen hatten, die konkrete Zeit abzuweisen, und gleichzeitig ihre Feindschaft gegen jeden Versuch zur autonomen »Geschichte«, das heißt zur Geschichte ohne archetypische Ordnung. Dieser Wille, die »Geschichte« nicht anzunehmen, und diese Auflehnung gegen sie entspringen nicht einfach den konservativen Tendenzen der primitiven Gemeinschaften, wie unser Buch zeigen wird. Nach unserm Dafürhalten ist man berechtigt, in dieser Verachtung der Geschichte, das heißt der Ereignisse ohne übergeschichtliches Vorbild, und in dieser Zurückweisung der profanen kontinuierlichen Zeit eine gewisse metaphysische Bewertung der menschlichen Existenz zu erblicken. Es handelt sich dabei aber keinesfalls um jene Bewertung des Menschen, wie sie seit der Entdeckung des »geschichtlichen« Menschen gewisse nachhegelianische philosophische Richtungen, vor allem der Marxismus, der Historizismus und der Existentialismus, vorzunehmen suchten, indem sie dekretierten, der Mensch *sei* überhaupt

nur in dem Maße, in dem *er sich selbst im Schoß der Geschichte schaffe.*
Das Problem der Geschichte an sich wird indessen in dieser Untersuchung nicht unmittelbar aufgegriffen werden. Uns war zunächst daran gelegen, einige vorherrschende Kraftlinien im Spekulationsbereich der archaischen Gesellschaften freizulegen. Es wollte uns aber scheinen, als sei auch eine einfache Darstellung dieses Gebietes nicht ohne Reiz, vor allem für den Philosophen, der gewöhnt ist, seine Probleme und zugleich auch die Mittel zu ihrer Lösung in den Texten der klassischen Philosophie oder den Situationen der abendländischen Geistesgeschichte zu finden. Wir sind seit langem davon überzeugt, daß die abendländische Philosophie – wenn das Wort gestattet ist – in Gefahr schwebt, provinziell zu werden: einmal, indem sie sich eifersüchtig auf ihre eigene Tradition beschränkt und sich zum Beispiel um die Probleme und Lösungen des orientalischen Denkens nicht kümmert. Dann aber auch dadurch, daß sie nur die »Situationen« des Menschen der geschichtlichen Zivilisationen anerkennen will und dabei die Erfahrungen des »primitiven« Menschen unterschätzt, der den archaischen Gemeinschaften angehörte. Wir halten es nämlich für möglich, daß die philosophische Anthropologie einiges von der Wertung lernen könnte, die der vorsokratische Mensch (mit andern Worten: der frühzeitliche Mensch) seiner Stellung im Universum gibt. Besser gesagt: die Grundprobleme der Metaphysik könnten durch die Kenntnis der archaischen Ontologie neu gesehen werden. In mehreren vorhergehenden Arbeiten, besonders im *Traité d'histoire des religions*, haben wir versucht, die Prinzipien dieser archaischen Ontologie vorzuführen, ohne daß wir selbstverständlich den Anspruch erheben könnten, eine durchweg zusammenhängende oder gar erschöpfende Darstellung gegeben zu haben.
Zu unserem großen Bedauern wird auch die hier vorgelegte Untersuchung diese erschöpfende Darstellung noch schuldig bleiben. Da wir uns an den Philosophen nicht weniger wen-

den als an den Ethnologen oder Orientalisten, vor allem aber an den Gebildeten im umfassenden Sinn, den Nichtfachmann, haben wir uns oft gezwungen gesehen, summarisch abzuhandeln, was in genauer und farbenreicherer Darstellung einen umfangreichen Band gefüllt haben würde. Eine mehr ins Detail gehende Diskussion würde durch die erforderliche Heranziehung weiterer Quellen und Fachausdrücke viele Leser abgeschreckt haben. Wir hatten aber nicht so sehr die Absicht, den Fachwissenschaftlern eine Reihe von Kommentaren abseits von ihren eigenen Problemen zu liefern, sondern wollten vor allem die Aufmerksamkeit des Philosophen und des Gebildeten im allgemeinen auf geistige Haltungen lenken, die zwar in zahlreichen Gebieten der Erde Vergangenheit sind, trotzdem aber für die Kenntnis und die Geschichte des Menschen aufschlußreich sein können. Erwägungen der gleichen Art ließen uns Referenzen und Hinweise auf das unbedingt Notwendige und manchmal sogar auf eine einfache Andeutung beschränken.

Die erste Fassung dieses Versuchs ist in französischer Sprache im Jahre 1949 erschienen (*Le mythe de l'éternel retour: Archétypes et répétition*, Gallimard, NRF). Anläßlich der hier vorgelegten deutschen Übersetzung haben wir den Text durchgesehen und erweitert und haben in den Anmerkungen auf eine Reihe von Arbeiten verwiesen, die in den letzten Jahren erschienen sind.

Paris, Oktober 1952 *Mircea Eliade*

Die amerikanische Taschenbuch-Ausgabe dieses kleinen Buches (1959) hat mir die Möglichkeit gegeben, den ursprünglichen Titel wiederherzustellen. Das Manuskript, an dem ich im Mai 1945 zu arbeiten begann, war überschrieben *Kosmos und Geschichte*. Erst später änderte ich den Titel in »Archetypen und Wiederholung«. Schließlich aber machte ich, auf Vorschlag meines französischen Verlegers, »Archetypen und Wiederholung« zum Untertitel, und das Buch erschien 1949 als *Le mythe de l'éternel retour*.

Das hat Anlaß zu Mißverständnissen gegeben. Einmal schließt die archaische Vorstellung von ritueller Wiederholung, die der Hauptgegenstand meiner Untersuchung war, nicht immer den »Mythos der ewigen Wiederkehr« ein. Und weiter könnte ein Leser aus diesem Titel den Eindruck gewinnen, daß das Buch sich hauptsächlich mit dem berühmten griechischen Mythos oder mit seiner modernen Neuinterpretation durch Friedrich Nietzsche befaßt, was keineswegs der Fall ist.

Das Kernproblem meiner Forschungen betrifft das Bild, das der Mensch der archaischen Gesellschaften sich von sich selbst und von der Stellung gemacht hat, die er im Kosmos einnimmt. Der Hauptunterschied zwischen dem Menschen der archaischen und traditionsbezogenen und dem Menschen der modernen Gesellschaften mit ihrer starken Prägung durch das Juden-Christentum liegt in der Tatsache, daß der erste sich untrennbar mit dem Kosmos und den kosmischen Rhythmen verbunden fühlt, während der andere darauf besteht, nur mit der Geschichte verbunden zu sein. Natürlich hat der Kosmos für den archaischen Menschen auch eine »Geschichte«, wenn auch vielleicht nur deshalb, weil er eine Schöpfung der Götter ist und als von übernatürlichen Wesen oder mythischen Helden geordnet betrachtet wird. Aber diese »Geschichte« des Kosmos und der menschlichen Gesellschaft ist eine »heilige Geschichte«, bewahrt und weitergegeben durch Mythen. Mehr noch, es ist eine »Geschichte«, die unbegrenzt wiederholt werden kann insofern, als die Mythen als Vorbilder für Zeremonien dienen, die periodisch die ungeheuerlichen Ereignisse am Beginn der Zeiten wieder wirklich werden lassen. Die Mythen bewahren und vermitteln die Paradigmata, die beispielhaften Vorbilder, für das gesamte verantwortliche Handeln des Menschen. Kraft dieser beispielhaften Vorbilder, die den Menschen in mythischen Zeiten offenbart wurden, werden Kosmos und Gesellschaft periodisch wiedergeschaffen.

Danach bespreche ich die Wirkungen, die diese gläubige Wiedererschaffung der Vorbilder und diese rituelle Wiederholung mythischer Ereignisse auf die religiösen Vorstellungen der archaischen Völker hatten. Es ist nicht schwer zu begreifen, warum eine solche Vorstellung die Entwicklung von dem, was wir heute »Geschichtsbewußtsein« nennen, unmöglich machte.

Im Verlauf des Buches habe ich die Begriffe »Beispielhafte Vorbilder«, »Paradigmata« und »Archetypen« verwandt, um eine bestimmte Tatsache zu betonen, nämlich daß der Mensch der traditionsgebundenen und archaischen Gesellschaften glaubte, die Vorbilder für seine Institutionen und die Normen für die zahlreichen Kategorien seines Verhaltens seien zu Beginn der Zeiten »offenbart« worden, und daß sie infolgedessen für ihn einen übermenschlichen und »transzendenten« Ursprung hatten.

Bei der Verwendung des Begriffs »Archetypen« bedachte ich eines nicht: deutlich zu machen, daß ich nicht die Archetypen meinte, wie sie von C. G. Jung beschrieben wurden. Das war ein bedauerlicher Fehler. Denn einen Begriff, der eine entscheidend wichtige Rolle in Jungs Psychologie spielt, in einem völlig abweichenden Sinn zu gebrauchen, könnte zur Verwirrung führen. Ich brauche kaum zu erwähnen, daß für Jung die Archetypen Strukturen des kollektiven Unbewußten sind. Aber ich berühre in meinem Buch nirgends die Probleme der Tiefenpsychologie, noch arbeite ich mit der

Vorstellung des kollektiven Unbewußten. Wie schon erwähnt, verwende ich den Begriff »Archetypen« – genau wie Eugenio d'Ors es tut – als Synonym für »beispielhaftes Vorbild« und »Paradigma«, das heißt also letztlich im Augustinischen Sinn. Aber heutzutage hat dieses Wort durch Jung einen ganz neuen Sinn erhalten. Und es ist bestimmt wünschenswert, daß der Begriff »Archetypus« nicht länger in der Bedeutung verwandt wird, die er vor Jung hatte, es sei denn, dies würde ausdrücklich erklärt.

Selten wird ein Autor mit einem Werk noch einverstanden sein, dessen Vollendung zehn Jahre zurückliegt. Zweifellos würde dieses kleine Buch, wenn ich es heute schriebe, ganz anders aussehen. Und doch halte ich es, so wie es ist, mit all seinen Tat- und Unterlassungssünden, für das wichtigste meiner Bücher. Und wenn mich jemand fragt, in welcher Reihenfolge er meine Bücher lesen solle, dann empfehle ich ihm stets, mit *Kosmos und Geschichte* zu beginnen. Einige der darin behandelten Probleme habe ich in späteren Veröffentlichungen wieder aufgegriffen, vor allem in *Images et symboles* (Paris 1952, dt.: *Ewige Bilder und Sinnbilder*, 1958) und *Mythes, rêves et mystères* (Paris 1957, dt.: *Mythen, Träume und Mysterien*, 1958). Eine neue Darstellung der archaischen Mythologie, die als »heilige Geschichte« periodisch wiederverwirklicht wird, befindet sich in meinem letzten Buch über Initiationen, *Birth and Rebirth* (New York 1958, dt.: *Das Mysterium der Wiedergeburt*, 1961).

University of Chicago *Mircea Eliade*
November 1958

KAPITEL I
ARCHETYPEN UND WIEDERHOLUNG

1. Das Problem

Die Aufgabe dieses kleinen Buches soll es sein, gewisse Aspekte der archaischen Ontologie zu untersuchen; genauer: die Vorstellungen von *Sein* und *Wirklichkeit*, die aus dem Verhalten des Menschen der frühzeitlichen Gemeinschaften zu erschließen sind. Die »frühzeitlichen« oder »archaischen« Gemeinschaften umfassen sowohl die Welt, die man gewöhnlich die »primitive« nennt, als auch die alten Kulturen Asiens, Europas und Amerikas. Natürlich sind die metaphysischen Vorstellungen der archaischen Welt nicht durchweg in einer begrifflichen Sprache ausgedrückt worden; aber Symbol, Mythos und Ritus bringen, auf verschiedenen Ebenen und mit den ihnen eigenen Mitteln, ein komplexes System von zusammenhängenden Feststellungen über die letzte Wirklichkeit der Dinge zum Ausdruck, ein System, das man als Darstellung einer Metaphysik betrachten kann. Es ist allerdings wesentlich, den tiefen Sinn aller dieser Symbole, Mythen und Riten richtig zu erfassen, damit es gelingt, ihn in die uns vertraute Sprache zu übertragen. Wenn man sich die Mühe macht, die authentische Bedeutung eines archaischen Mythos oder Symbols zu ergründen, kann man nicht umhin festzustellen, daß in ihr die Bewußtwerdung einer gewissen Stellung im Kosmos deutlich wird und daß sie damit auch eine metaphysische Stellung einbegreift. Es wäre vergeblich, in den archaischen Sprachen die Begriffe finden zu wollen, die von den großen philosophischen Überlieferungen so arbeitsam geschaffen worden sind: wahrscheinlich wird man Ausdrücke wie »Sein«, »Nichtsein«, »wirklich«, »unwirklich«, »Werden«, »illusorisch« und andere mehr in der Sprache der Australier oder der alten Mesopotamier nicht entdecken. Aber wenn auch das *Wort* dafür fehlen mag, die *Sache* ist doch vorhanden: nur wird sie »ausgesagt« – das heißt im Zusammenhang dargestellt – durch Symbole und Mythen.

Wenn man das Verhalten des archaischen Menschen im allgemeinen betrachtet, fällt einem folgendes auf: die Gegenstände der Außenwelt besitzen, nicht anders als die menschlichen Handlungen im eigentlichen Sinn, *keinen selbständigen inneren Wert*. Gegenstände oder Handlungen gewinnen einen *Wert* und werden damit *wirklich*, weil sie auf die eine oder andere Weise einer Wirklichkeit teilhaftig sind, die über die Grenzen hinausgreift. Ein gewisser Stein wird unter einer Menge anderer Steine *heilig* – und damit gleichzeitig von *Sein* gesättigt –, weil er eine Hierophanie darstellt, im Besitz von *Mana* ist, seine Gestalt eine gewisse Symbolik enthält oder auch weil er an einen mythischen Akt erinnert usw. Der Gegenstand erscheint als Gefäß einer *außer ihm selbst liegenden Kraft*, die ihn von seiner Umgebung unterscheidet und ihm *Sinn* und *Wert* verleiht. Diese Kraft kann in der Substanz oder der Gestalt des Gegenstandes wohnen; ein Fels *offenbart* sich als heilig, weil seine Existenz selbst eine Hierophanie ist: in seiner Unverwundbarkeit und Unerschütterlichkeit *ist er*, was der Mensch nicht ist. Er widersteht der Zeit, seine Wirklichkeit verdoppelt sich noch mit Dauerhaftigkeit. Auch ein ganz gewöhnlicher Stein kann »wertvoll« werden, das heißt durchtränkt sein von einer magischen oder religiösen Kraft, und zwar allein schon wegen seiner symbolischen Form oder seiner Herkunft: »Donnerkeil« (Blitzstein), der vom Himmel herabgefallen sein soll; die Perle, die vom Grund des Ozeans stammt. Andere Steine werden als heilig betrachtet, weil sie den Seelen der Ahnen als Wohnsitz dienen (Indien, Indonesien) oder weil sie früher einmal der Schauplatz einer Theophanie waren (so der *bethel*, der Jakob als Ruhestätte diente) oder auch weil ein Opfer oder Schwur sie geheiligt hat.[1]

Wir wollen nun zu den menschlichen Handlungen übergehen, soweit sie nicht dem einfachsten Automatismus entstammen. Ihre Bedeutung, ihr Wert sind nicht an ihre rohe körperliche Gegebenheit gebunden, sondern daran, daß sie einen urtümlichen Akt nachvollziehen, ein mythisches Beispiel wiederholen. Die Nahrungsaufnahme ist nicht einfach eine physiologische Handlung, sondern erneuert eine

Kommunion. Hochzeit und kollektive Orgie verweisen auf mythische Urbilder, und man wiederholt sie, weil sie im Anfang (»in jener Zeit«, *ab origine*) von Göttern, »Ahnen« oder Heroen geweiht worden sind.

In den Einzelheiten seines bewußten Verhaltens kennt der »Primitive«, der archaische Mensch, keine Handlung, die nicht von einem andern gesetzt und vorgelebt worden wäre, *von einem andern, der kein Mensch gewesen ist. Was er tut, ist schon getan worden.* Sein Leben besteht in der ununterbrochenen Wiederholung von Handlungen, die von anderen eingesetzt worden sind.

Diese Wiederholung bestimmter beispielhafter Handlungen läßt eine ursprüngliche Ontologie erkennen. Das rohe Produkt der Natur und nicht weniger der durch menschliche Hand bearbeitete Gegenstand erlangen *Wirklichkeit* und *Identität* nur in dem Maße, als sie einer transzendenten Wirklichkeit teilhaftig sind. Ein Akt erhält Sinn und *Wirklichkeit* ausschließlich in dem Maße, als er eine urtümliche Handlung wiederholt.

Gruppen von Beispielen aus den verschiedenen Kulturen werden uns helfen, die Struktur dieser archaischen Ontologie besser zu erkennen. An erster Stelle haben wir Beispiele gesucht, die uns möglichst klar die Mechanik des frühzeitlichen Denkens sichtbar machen können; mit andern Worten, Beispiele, die uns verstehen helfen, *wie* und *warum* für den Menschen der frühzeitlichen Gemeinschaften manche Dinge *wirklich* werden. Es erscheint uns wichtig, zuerst diese Mechanik richtig zu verstehen, damit wir uns dann dem Problem der menschlichen Existenz und der Geschichte im Blickkreis der archaischen Geisteswelt nähern können.

Wir haben unser Material nach folgenden Gesichtspunkten gegliedert:

1. Beispiele, die uns zeigen, daß für den archaischen Menschen die *Wirklichkeit* eine Funktion der *Nachahmung* eines himmlischen Urbildes ist;
2. Beispiele, die uns zeigen, wie die *Wirklichkeit* verliehen

wird durch die Teilhabe an der »Symbolik des Mittelpunkts«: Städte, Tempel, Häuser werden *wirklich*, weil sie dem »Mittelpunkt der Welt« ähnlich gemacht werden;

3. schließlich die bezeichnenden Riten und Profanhandlungen, die den ihnen beigelegten Sinn nur verwirklichen können, weil sie mit Vorbedacht Akte wiederholen, die *ab origine* von Göttern, Heroen oder Ahnen gesetzt worden sind.

Die bloße Darstellung dieser Beispiele wird die Erforschung der zugrundeliegenden ontologischen Vorstellungen in Gang bringen, und nur sie kann die Grundlage abgeben für deren Entschlüsselung, an die wir anschließend herangehen wollen.

2. *Himmlische Archetypen von Ländern, Tempeln und Städten*

Nach den mesopotamischen Glaubensvorstellungen hat der Tigris sein Vorbild im Stern Anunît und der Euphrat das seine im Sternbild der Schwalbe.[2] Ein sumerischer Text spricht vom »Wohnsitz der Gestalten der Götter«, wo sich »(die Gottheit) der Herden und die des Getreides« aufhalten.[3] Für die Völker des Altai haben die Gebirge gleichermaßen ein ideales Urbild im Himmel.[4] Den ägyptischen Orten und *Nomen** waren ihre Namen nach den himmlischen »Feldern« gegeben worden: man begann damit, die »Felder des Himmels« kennenzulernen, dann erst identifizierte man sie in der irdischen Geographie.[5]

In der iranischen Kosmologie zervanitischer Überlieferung entspricht »jedes irdische Phänomen einem himmlischen, transzendenten, unsichtbaren Wort, einer ›Idee‹ im platonischen Sinn. Jedes Ding, jeder Begriff erscheint unter einem doppelten Aspekt: dem des *mênôk* und dem des *gêtîk*. Es gibt einen sichtbaren Himmel: also gibt es auch einen *mênôk*-Himmel, der unsichtbar ist (*Bundahishn*, Kap. 1). Unsere Erde entspricht einer himmlischen Erde. Jede Kraft, die hier unten ausgeübt wird, im *gêtâh*, besitzt ein himmlisches Gegenstück, das die wahre Wirklichkeit darstellt ... Das Jahr, das Gebet ..., alles schließlich, was sich im *gêtâh* manifestiert, ist zugleich auch *mênôk*. Die Schöpfung ist ganz einfach doppelt. In kosmogonischem Betracht geht der kosmische Ort mit seiner *mênôk*-Eigenschaft dem *gêtîk*-Ort vorauf.«[6]

Vor allem der Tempel – als heiliger Ort *par excellence* – hatte ein himmlisches Urbild. Auf dem Berg Sinai zeigt Jahwe Mose die »Gestalt« des Heiligtums, das dieser ihm bauen soll: »Genau nach dem Muster der Wohnstätte und aller ihrer Gegenstände, die ich dir zeige, sollt ihr es herstellen« (*Exodus* 25,9). »Sieh zu, daß du ihn nach dem Muster ausführst, das

* Provinzen im alten Ägypten (von griech. *nomos*).

du auf dem Berg gesehen hast« (ebd. 25,40). Und als David seinem Sohn Salomo die Pläne für die Baulichkeiten des Tempels, des Tabernakels und allen Zubehörs übergibt, versichert er ihn: »All das legte er dar in einer Schrift aus der Hand des Herrn, die über ihm ruhte, und erörterte alle Arbeiten, die der Plan vorsah« (1. *Chronik* 28,19). Also hat er das himmlische Urbild gesehen.[7]

Das älteste Dokument, das von dem Urbild eines Heiligtums handelt, ist die Inschrift Gudeas, die sich auf den von ihm in Lagash errichteten Tempel bezieht. Der König erblickt im Traum die Göttin Nidaba, die ihm einen Stein zeigt, auf dem die wohltätigen Sterne erwähnt sind, und einen Gott, der ihm den Plan des Tempels offenbart.[8] Auch die Städte besitzen ein göttliches Urbild. Alle babylonischen Städte fanden ihr Urbild in den Konstellationen der Gestirne: Sippar im Krebs, Ninive im Großen Bären, Assur im Arcturus, usw.[9] Sennaherib läßt Ninive nach dem Projekt erbauen, »das seit längst vergangenen Zeiten in der Gestalt des Himmels aufgestellt ist«. Nicht nur, daß ein Modell dem irdischen Bauwerk vorhergeht, es befindet sich auch in einem idealen (himmlischen) »Gefilde« der Ewigkeit. Deshalb spricht Salomo: »Du hast befohlen, einen Tempel auf deinem heiligen Berg zu bauen und einen Altar in der Stadt deiner Wohnung, ein Abbild des heiligen Zeltes, das du von Anfang an entworfen hast« (*Weisheit* 9, 8).

Ein himmlisches Jerusalem ist von Gott geschaffen worden, bevor die Stadt Jerusalem von Menschenhand erbaut wurde; darauf bezieht sich der Prophet in der syrischen Apokalypse des Baruch 4, 2-7: »Meinst du vielleicht, dies sei die Stadt, von der ich sprach: ›In meinen Händen trag ich dich gezeichnet?‹ Nicht diese Stadt vor euch mit ihren Bauten ist die künftige, die ich geoffenbart, die hier im voraus schon bereitet ist seit jener Zeit, da ich beschloß, das Paradies zu schaffen. Ich zeigte sie dem Adam vor dem Sündenfall ...«[10] Das himmlische Jerusalem hat die Inspiration aller jüdischen Propheten entflammt: Tobias (13, 16ff.), Jesaia (40, 11ff.), Ezechiel (40) usw. Um ihm die Stadt Jerusalem zu zeigen, entrückt Gott Ezechiel in einer ekstatischen Vision auf einen sehr hohen Berg (40, 2 ff.). Und die Sibyllinischen Orakel bewahren die Erinnerung an das Neue Jerusalem; in dessen Mitte strahlt »ein Tempel mit einem riesigen Turm, der bis zu den Wolken reicht und von allen gesehen wird«.[11] Aber die schönste Beschreibung des himmlischen Jerusalem gibt die *Apokalypse* (21, 2): »Ich sah die heilige Stadt, das neue Jerusalem, von Gott her aus dem Himmel herabkommen; sie war bereit wie eine Braut, die sich für ihren Mann geschmückt hat.«

Die gleiche Anschauung finden wir bei den Indern: alle königlichen indischen Städte, auch die modernen, werden nach dem mythischen Modell der himmlischen Stadt erbaut, in der im Goldenen Zeitalter (*in illo tempore*) der Weltherrscher wohnte. Und wie dieser bemüht sich der König, das Goldene Zeitalter wiederzubeleben und die vollkommene Regierung wieder heraufzuführen. Dieser Vorstellung werden wir im Laufe unserer Untersuchung noch öfter begegnen. So ist z.B. der Festungspalast von Sîhagiri auf Ceylon nach dem Vorbild der himmlischen Stadt Alakamanda errichtet worden und ist »schwierig zu erreichen für menschliche Wesen« (*Mahâvastu* 39, 2). Ebenso besitzt auch Platons Idealstadt ein himmlisches Urbild (*Politeia* 592 b; s. a. 500 e). Die Platonischen Urformen sind nicht astraler Natur; aber ihr mythisches Gebiet liegt doch auf überirdischer Ebene (*Phaidros* 247, 250).

Also die uns umgebende Welt, in der man die Anwesenheit und das Werk des Menschen spürt – die Berge, die er erklimmt, die bevölkerten und bebauten Landstriche, die schiffbaren Flüsse, die Städte, die Heiligtümer –, besitzt ein außerirdisches Urbild, das als »Plan«, als »Urform« oder ganz einfach als »Abbild« begriffen wird, das auf einer höheren kosmischen Ebene existiert. Aber nicht alles in der »uns umgebenden Welt« besitzt ein Urbild dieser Art. Die Wüstengegenden z.B., die von Ungeheuern bewohnt werden, die unbebauten Landstriche, die unbekannten Meere, die noch kein Schiffer zu befahren gewagt hat, sie und andere Orte teilen nicht mit der Stadt Babylon oder dem ägyptischen *Nome* das Privileg eines genauen Urbilds. Sie entsprechen einem mythischen Urbild anderer Art: alle diese wilden, unbebauten Landstriche usw. werden dem Chaos verglichen, sie nehmen noch teil an der undifferenzierten, ungeformten Seinsart aus der Zeit vor der Schöpfung. Wenn man ein solches Gebiet in Besitz nimmt, das heißt, wenn man mit seiner Ausbeutung beginnt, *vollzieht man deshalb Riten, die in symbolischer Form den Schöpfungsakt wiederholen.* Die unbebaute Gegend wird zuerst »kosmisiert« und erst dann bewohnt. Wir werden sogleich auf den Sinn der Zeremonien zu sprechen kommen, die bei der Inbesitznahme neuentdeckter Gebiete beobachtet werden. Für den Augenblick wollen wir nur betonen, daß die uns umgebende und von Menschenhand bebaute Welt keine andere Rechtsgültigkeit empfängt als diejenige, die dem außerirdischen Urbild zu verdanken ist, das ihr als Modell gedient hat. Der Mensch schafft nach einem Urbild. Nicht nur seine Stadt oder sein Tempel hat himmlische Vorbilder, dasselbe gilt auch für das ganze von ihm bewohnte Gebiet mit den Flüssen, die es bewässern, den Feldern, die ihm seine Nahrung geben, usw. Die Karte von Babylon zeigt die Stadt im Mittelpunkt eines weiten kreisförmigen Territoriums, das durch den Fluß Amer begrenzt wird – genau wie die Sumerer sich das Paradies vorstellten. Diese Teilhabe der Stadtkulturen an einem urbildlichen Modell verleiht ihnen ihre Wirklichkeit und Gültigkeit.

Die Niederlassung in einem neuen, bisher unbekannten und unbebauten Landstrich kommt einem Schöpfungsakt gleich. Als die skandinavischen Ansiedler Island in Besitz nahmen (*landnâma*) und urbar machten, sahen sie diesen Akt weder als originale Tat noch als menschliches und profanes Werk an. Ihre Unternehmung war für sie die Wiederholung eines urtümlichen Aktes. Als sie das wüste Land bearbeiteten, wiederholten sie die Tat der Götter, die das Chaos organisierten, indem sie ihm Formen und Normen gaben.[12] Und noch besser: eine territoriale Eroberung wird *wirklich* nur nach (genauer: durch) Vollzug der Riten, die zur Inbesitznahme gehören. Und diese rituelle Handlung ist nur die Kopie des Uraktes der Weltschöpfung. Im vedischen Indien wurde ein Territorium legal in Besitz genommen durch die Errichtung eines dem Agni geweihten Altars.[13] »Man sagt, man habe sich eingeführt (*avasyati*), wenn man ein *gârhapatya* erbaut hat, und alle, die einen Altar des Feuers errichten, haben sich festgesetzt (*avasitâh*)«, sagt *Shatapatha-Brâhmana* (VII, 1, 1, 1-4). Aber die Errichtung eines dem Agni geweihten Altars bedeutet nichts anderes als die mikrokosmische Nachahmung der Schöpfung. Weiter ist auch jedes beliebige Opfer die Wiederholung des Schöpfungsaktes, wie uns die indischen Texte ausdrücklich bestätigen.[14] Die spanischen und portugiesischen Konquistadoren ergriffen im Namen Christi Besitz von den Inseln und festen Ländern, die sie entdeckt und erobert hatten. Die Aufrichtung des Kreuzes kam einer »Rechtfertigung« gleich und der »Weihung« des Landes zu einer »neuen Geburt«, wodurch die Taufe (Schöpfungsakt) wiederholt wurde. Und die britischen Seeleute nahmen Besitz von den Gebieten, die sie erobert hatten, im Namen des Königs von England, des neuen Weltherrschers (*Cosmocrator*).

Die Bedeutung der vedischen, skandinavischen oder römischen Zeremonien wird uns noch klarer werden, wenn wir den Sinn der Wiederholung des Schöpfungsaktes für sich betrachten, der ja der göttliche Akt *par excellence* ist. Für den Augenblick wollen wir nur im Auge behalten: jedes Territorium, das man besetzt, um es zu bewohnen oder es als »Lebensraum« zu nutzen, wird zunächst vom »Chaos« zum »Kosmos« umgeschaffen; das heißt, durch die Wirksamkeit des Rituals wird ihm eine »Form« verliehen, die es *wirklich* werden läßt. Die Wirklichkeit erweist sich für die archaische Mentalität als Kraft, Wirksamkeit und Dauer. Daher ist das *Heilige* das eigentlich und zutiefst Wirkliche, denn allein das Heilige *ist* auf eine absolute Weise, handelt wirksam, schafft und gibt den Dingen Dauer. Die zahllosen Weihehandlungen – für Räume, Gegenstände, Menschen usw. – verraten die Besessenheit vom Wirklichen, den Durst des Primitiven nach dem *Sein*.

3. Die Symbolik des »Mittelpunktes«

Parallel zu dem archaischen Glauben, es gebe himmlische Urbilder für Städte und Tempel, begegnen wir einer Reihe von Glaubensvorstellungen, die sich auf das Prestige des »Mittelpunkts« beziehen und die noch reichlicher durch Dokumente bezeugt sind. Dies Problem haben wir in einer früheren Arbeit untersucht[15] und beschränken uns hier darauf, die Resultate, zu denen wir dort gelangt sind, zu erwähnen. Die Architektur-Symbolik des Mittelpunkts kann folgendermaßen formuliert werden:

a) der heilige Berg – wo sich Himmel und Erde begegnen – befindet sich im Mittelpunkt der Welt;

b) jeder Tempel oder Palast – und in der Folge jede heilige Stadt oder königliche Residenz – ist ein »heiliger Berg« und wird so zu einem Mittelpunkt;

c) die heilige Stadt oder der heilige Tempel ist *axis mundi* und wird daher als Treffpunkt von Himmel, Erde und Hölle angesehen.

Einige Beispiele sollen jedes dieser Symbole illustrieren:

a) Nach indischem Glauben erhebt sich der Berg Meru im Mittelpunkt der Welt, und über ihm leuchtet der Polarstern. Auch die uralaltaischen Völker kennen einen Mittelpunktsberg, Sumeru, an dessen Gipfel der Polarstern befestigt ist. Nach iranischen Glaubensvorstellungen befindet sich der heilige Berg, Haberezaiti (Elburz), im Mittelpunkt der Erde und ist mit dem Himmel verbunden.[16] Die buddhistische Bevölkerung von Laos im Norden von Siam kennt den Berg Zinnalo, der ebenfalls im Mittelpunkt der Welt liegt. In der *Edda* ist der Himingbjörg, wie sein Name besagt, ein »himmlischer Berg«; dort berührt der Regenbogen (Bifröst) die Himmelskuppel. Analoge Vorstellungen findet man bei den Finnen, den Japanern u.a. Erinnern wir hier nur daran, daß für die Semang der Malakka-Halbinsel im Mittelpunkt der Welt sich ein riesiger Felsen, Batu-Ribn, erhebt; darüber befindet sich die Hölle. Ein andermal erhebt sich auf dem

Batu-Ribn ein Baum zum Himmel.[17] Die Hölle, der Mittelpunkt der Erde und das »Tor« zum Himmel liegen also auf derselben Achse, und auf dieser Achse fand der Übergang von der einen kosmischen Region in die andere statt. Man würde zögern, an die Authentizität dieser kosmischen Theorie bei den Semang-Pygmäen zu glauben, wenn man nicht Gründe hätte anzunehmen, daß die gleiche Theorie schon in der prähistorischen Zeit angedeutet war.[18] In den mesopotamischen Vorstellungen vereinigt ein zentraler Berg Himmel und Erde; der »Berg der Länder« verbindet die Territorien miteinander.[19] Die *ziqqurat* war eigentlich ein kosmischer Berg, das heißt ein symbolisches Abbild des Kosmos; die sieben Stockwerke stellten die sieben planetarischen Himmel dar (wie in Borsippa) oder trugen die Farben der Welt (wie in Ur).

Der Berg Thabor in Palästina könnte *tabbûr* bedeuten, also »Nabel«, *omphalos*. Dem Berg Garizim in der Mitte von Palästina kam ohne jeden Zweifel das Prestige des Mittelpunktes zu, denn er wird auch »Nabel der Erde« genannt (*tabbûr erez*; vgl. *Richter* 9,37: »Sieh doch, da kommen Leute vom Nabel des Landes herab«). Eine von Peter Comestor aufgezeichnete Überlieferung besagt, daß die Sonne jenseits der Sommersonnenwende keinen Schatten mehr auf den »Quell Jakobs« (bei Garizim) wirft. Nach Comestors Worten *»sunt qui dicunt locum illum esse umbilicum terrae nostrae habitabilis«*. Palästina als das höchstgelegene Land – da es ja dem Gipfel des kosmischen Berges nahe war – wurde von der Sintflut nicht verschlungen. Ein rabbinischer Text sagt: »Das Land Israel ist nicht von der Sintflut verschlungen worden.«[20] Für die Christen war Golgatha im Mittelpunkt der Welt, denn es war der Gipfel des kosmischen Berges und zugleich der Ort, an dem Adam geschaffen und begraben worden war. So konnte das Blut des Heilands auf den Schädel Adams fallen, der zu Füßen des Kreuzes begraben lag, und ihn erlösen. Die Vorstellung, daß Golgatha sich im Mittelpunkt der Welt befinde, hat sich in der Folklore der Christen des Ostens erhalten.[21]

b) Schon der Name der heiligen babylonischen Tempel und

Türme zeugt davon, daß sie dem kosmischen Berg verglichen werden: »Berg des Hauses«, »Haus des Berges aller Erden«, »Berg der Stürme«, »Band zwischen Himmel und Erde« usw.[22] Ein Tonzylinder aus der Zeit des Königs Gudea sagt, »das Zimmer (des Gottes), das er (der König) erbaute, war dem kosmischen Berge gleich«.[23] Jede orientalische Stadt befand sich im Mittelpunkt der Welt. Babylon war eine *bâb-ilâni*, ein »Tor der Götter«, denn dort stiegen die Götter auf die Erde herab. In der Hauptstadt des absoluten chinesischen Herrschers darf das Gnomon am Tage der Sommersonnenwende zur Mittagszeit nicht vom Schatten berührt werden. Eine solche Stadt gibt es wirklich im Mittelpunkt des Weltalls, nahe dem wunderbaren Baum, dem »aufgerichteten Baum« (*kien-mou*), wo die drei kosmischen Zonen zusammentreffen: Himmel, Erde und Hölle.[24] Der Tempel von Barabudur ist selbst ein Abbild des Kosmos und gebaut wie ein künstlicher Berg (wie ja auch die *ziqqurat*). Der Pilger, der ihn ersteigt, nähert sich dem Mittelpunkt der Welt, verwirklicht einen Bruch der Ebene auf der oberen Terrasse, indem er den heterogenen profanen Bereich verläßt und ein »reines Gebiet« betritt. Die heiligen Städte und Orte werden den Gipfeln der kosmischen Berge verglichen. Deshalb sind Jerusalem und Zion nicht von der Sintflut überschwemmt worden. Anderseits ist nach islamischer Überlieferung die Kâ'aba der höchste Ort der Erde, weil »der Polarstern bezeugt, daß sie dem Mittelpunkt des Himmels gegenüberliegt«.[25]

c) Infolge ihrer Lage im Mittelpunkt des Kosmos ist schließlich der heilige Tempel oder die heilige Stadt immer der Treffpunkt der drei kosmischen Gebiete: Himmel, Erde und Hölle. *Dur-an-ki*, »Band zwischen Himmel und Erde«, war der Name der Heiligtümer von Nippur, Larsa und ohne Zweifel Sippar. Babylon besaß eine ganze Menge von Namen, darunter: »Haus des Grundes von Himmel und Erde«, »Band zwischen Himmel und Erde«. Aber ebenfalls in Babylon wurde auch die Verbindung hergestellt zwischen der Erde und den unteren Regionen, denn die Stadt war über *bâb-apsi* erbaut worden, dem »Tor der *apsû*«[26], wobei *apsû* die Wasser des Chaos vor der Schöpfung bezeichnet. Die gleiche Überlieferung finden wir auch bei den Juden. Der Felsen von Jerusalem drang tief in die unterirdischen Wasser (*tehôm*) ein. In der *Mischna* wird gesagt, der Tempel befinde sich unmittelbar über *tehôm* (jüdisches Äquivalent zu *apsû*). Und, wie es in Babylon das »Tor der *apsû*« gab, verschloß der Felsen von Jerusalem den Mund der *tehôm*.[27] Ähnlichen Vorstellungen begegnet man in der indogermanischen Welt. Bei den Römern z. B. stellt der *mundus* – das heißt die Furche, die man um den Ort zog, wo eine Stadt erbaut werden sollte – den Treffpunkt zwischen den unteren Regionen und der irdischen Welt dar. »Wenn der *mundus* offen ist, dann ist gewissermaßen das Tor der traurigen Gottheiten der Unterwelt geöffnet«, sagt Varro (zit. b. Macrobius, *Saturnalia* I, 16, 18). Der italienische Tempel war die Zone der Überschneidung der oberen (göttlichen), irdischen und unterirdischen Welten.

Der Gipfel des kosmischen Berges ist nicht nur der höchste Punkt der Erde; er ist gleichzeitig auch der Nabel der Erde, der Punkt, an dem die Schöpfung begonnen hat. Es kommt sogar vor, daß die kosmologischen Überlieferungen die Symbolik des Mittelpunkts in Begriffen ausdrücken, die aus der Embryologie übernommen sein könnten. »Der Sehr Heilige hat die Erde geschaffen wie einen Embryo. Wie der Embryo vom Nabel aus wächst, so hat Gott vom Nabel her begonnen, die Welt zu schaffen, und von dort hat sie sich nach allen Seiten verbreitet.« *Yoma* stellt fest: »Die Schöpfung der Welt begann bei Zion.«[28] Im *Rig-Veda* (z. B. X, 149) begegnet uns die Vorstellung, das Universum habe von einem Zentralpunkt aus seine Ausdehnung begonnen.[29] Die Erschaffung des Menschen, als Gegenstück der Kosmogonie, ist ebenfalls an einem zentralen Ort, im Mittelpunkt der Welt, vor sich gegangen. Nach mesopotamischer Überlieferung ist der Mensch im »Nabel der Erde« geschaffen worden, in *uzu*

(Fleisch) *sar* (Band) *ki* (Gebiet, Erde), dort, wo auch *Duranki* sich befindet, das »Band zwischen Himmel und Erde«. Ormuzd schafft den Urochsen Evagdâth ebenso wie den Urmenschen Gajômard im Mittelpunkt der Welt.[30] Das Paradies, in dem Adam aus Lehm geschaffen wurde, liegt natürlich auch im Mittelpunkt des Kosmos. Das Paradies war der »Nabel der Erde« und lag nach einer syrischen Überlieferung »auf einem Berg, der höher war als alle andern«. Nach dem syrischen »Buch der Schatzhöhle« ist Adam im Mittelpunkt der Erde geschaffen worden, am selben Ort, an dem später Jesu Kreuz sich erheben sollte. Die gleichen Überlieferungen sind auch im Judentum bewahrt worden. Die jüdische Apokalypse und der *Midrash* sagen, Adam sei in Jerusalem erschaffen worden.[31] Da Adam am Ort seiner Erschaffung, das heißt also im Mittelpunkt der Welt, auch begraben wurde, auf Golgatha, konnte das Blut des Heilands auch ihn erlösen (wie wir weiter oben bereits gezeigt haben).
Die Symbolik des Mittelpunktes ist beträchtlich komplexer, aber die wenigen Aspekte, die wir erwähnt haben, genügen zu unserm Vorhaben. Wir wollen ergänzend bemerken, daß die gleiche Symbolik in der westlichen Welt bis an die Schwelle der Neuzeit lebendig geblieben ist. Die uralte Vorstellung vom Tempel als *imago mundi*, der Gedanke, das Heiligtum reproduziere das Universum in seinem Wesentlichen, ist auf die kirchliche Architektur des christlichen Europa übergegangen: die Basilika der ersten Jahrhunderte unserer Zeitrechnung stellt das himmlische Jerusalem nicht anders dar als die Kathedrale des Mittelalters.[32] Die Symbolik des Berges, der Besteigung, der »Suche nach dem Mittelpunkt« ist in den Literaturen des Mittelalters klar bezeugt und erscheint, wenn auch nur andeutungsweise, sogar noch in einigen literarischen Werken der letzten Jahrhunderte.[33]

Der »Mittelpunkt« ist also die Heilige Zone *par excellence*, das Gebiet der absoluten Wirklichkeit. Demzufolge befinden sich auch alle anderen Symbole der absoluten Wirklichkeit in einem Mittelpunkt (Bäume des Lebens und der Unsterblichkeit, Quell der Jugend usw.). Der zum Mittelpunkt führende Weg ist »ein schwieriger Weg« (*dûrohana*), und das findet seine Bestätigung auf allen Ebenen des Wirklichen: beschwerlicher Zugang zum Tempel (wie zu dem von Barabudur), Pilgerfahrt zu den heiligen Orten (Mekka, Hardwar, Jerusalem usw.), gefahrvolle Irrfahrten auf den heldenhaften Expeditionen zum Goldenen Vlies, zu den Goldenen Äpfeln, zum Lebenskräutlein usw.; desgleichen das Eindringen ins Labyrinth oder die Schwierigkeiten, die demjenigen entgegentreten, der den Weg zu sich selbst sucht, zum »Mittelpunkt« seines Wesens also, u. a. m. Steil und voller Gefahren ist der Weg darum, weil er in Wirklichkeit den Ritus des Übergangs vom Profanen zum Heiligen bedeutet, vom Vergänglichen und Illusorischen zur Wirklichkeit und Ewigkeit, vom Tod zum Leben, vom Menschen zur Gottheit. Die Teilhabe am »Mittelpunkt« kommt einer Weihung, einer Initiation gleich. Auf eine gestern noch profane und illusorische Existenz folgt heute eine neue, wirkliche, dauerhafte und wirksame.

Wenn der Schöpfungsakt den Übergang vom Nichtoffenbarten zum Offenbarten realisiert oder, um mit den Begriffen der Kosmologie zu sprechen, vom Chaos zum Kosmos; wenn die Schöpfung in ihrer ganzen Ausdehnung von einem »Mittelpunkt« ihren Ausgang genommen hat; wenn deshalb alle Erscheinungsformen des Seins, des unbelebten ebenso wie des lebendigen, nur durch einen ganz besonders heiligen Ort der Existenz teilhaftig werden – dann erklären sich uns aufs schönste die Symbolik der heiligen Städte (»Mittelpunkte der Welt«), die geomantischen Vorstellungen, die der Städtegründung voraufgehen, und die Anschauungen, die die Riten ihrer Erbauung rechtfertigen. Der Untersuchung dieser Konstruktionsriten haben wir eine frühere Arbeit gewidmet[34], auf die wir den Leser verweisen. Hier wollen wir nur zwei grundlegende Sätze wiederholen:

1. Jeder Schaffensakt wiederholt den wesentlichen kosmogonischen Akt: die Erschaffung der Welt;

2. deshalb ist alles, was gegründet ist, im Mittelpunkt der Welt (da ja, wie wir wissen, die Schöpfung selbst von einem Mittelpunkt ausgegangen ist).

Aus der Menge der uns zur Verfügung stehenden Beispiele wählen wir ein einziges aus, das übrigens auch noch unter andern Gesichtspunkten von Interesse ist und im weiteren Verlauf unserer Untersuchung wieder auftauchen wird. »Bevor (in Indien) auch nur ein Stein gelegt wird ... bezeichnet der Astrologe den Punkt zur Grundsteinlegung, der sich über der die Welt tragenden Schlange befindet. Der Maurermeister schneidet im Wald aus einem *khadira*-Baum einen Pfahl und rammt ihn mit Hilfe einer Kokosnuß in den Boden, genau an dem bezeichneten Punkt, damit der Kopf der Schlange gut festgehalten wird.«[35] Ein Grundstein (*padmashilâ*) wird oberhalb des Pfahls aufgelegt, so daß er genau im »Mittelpunkt der Welt« ruht. Die Grundsteinlegung wiederholt jedesmal den Schöpfungsakt, denn den Pfahl in den Kopf der Schlange zu stoßen, sie zu »binden«, das bedeutet nichts anderes, als die primordiale Handlung Somas (*Rig-Veda* II, 12, 1) oder Indras zu wiederholen, wenn dieser letztere »die Schlange in ihrem Schlupfwinkel geschlagen hat« (*Rig-Veda* VI, 17, 19), wenn sein Blitz ihr »den Kopf abgeschnitten« hat (I, 52, 10). Die Schlange symbolisiert das Chaos, das Ungestaltete, nicht Offenbarte. Indra begegnet Vritra (IV, 19, 3), dem ungeteilten (*aparvan*), nicht erweckten (*abudhyam*), dem schlafenden (*abudhyamânam*), in tiefsten Schlummer versunkenen (*sushupânam*) und ausgestreckten (*âshayânam*). Der Schlange den Kopf abzuschneiden und sie mit dem Blitz zu treffen, kommt dem Schöpfungsakt gleich mit dem Übergang vom Nichtoffenbarten zum Offenbarten, vom Ungestalteten zum Gestalteten. Vritra hatte die Wasser mit Beschlag belegt und bewachte sie in der Tiefe der Berge. Das will heißen: 1. entweder war Vritra der absolute Herr des ganzen Chaos vor der Schöpfung – wie Tiamat oder sonst jede ophitische Gottheit; 2. oder die Große Schlange hatte die ganze Welt der Trockenheit ausgesetzt, indem sie alle Wasser für sich allein behielt. Ob diese Besitzergreifung vor der Schöpfung oder nach der Welterschaffung stattfindet, ändert nichts an dem Sinn: Vritra »hindert«[36] die Welt daran, zu *werden* oder zu *dauern*. Symbol des Nichtoffenbarten, des Latenten oder Ungestalteten ist Vritra und repräsentiert daher das Chaos vor der Schöpfung.

In unserm Buch *Comentarii la legenda Meşterului Manole* haben wir versucht, die Konstruktionsriten als Wiederholung des Schöpfungsaktes zu erklären. Die Vorstellung, die diesen Riten zugrunde liegt, läßt sich auf das Folgende zurückführen: nichts kann dauern, wenn es nicht »beseelt« ist, wenn ihm nicht durch ein Opfer eine »Seele« verliehen ist. Prototyp des Konstruktionsritus ist das Opfer, das bei der Weltschöpfung stattgefunden hat. Nach gewissen archaischen Kosmogonien hat die Welt nun tatsächlich ihr Leben erhalten durch das Opfer eines primordialen Ungeheuers, Symbol des Chaos (Tiamat), oder die Opferung eines kosmischen Riesen (Hymir, Pan' Ku, Purusha). Um einem Bauwerk *Wirklichkeit* und Dauer zu sichern, wiederholt man den göttlichen Akt der beispielhaften Erschaffung: die Erschaffung der Welten und des Menschen. Die »Wirklichkeit« des Ortes erreicht man vorläufig dadurch, daß man das Terrain weiht, das heißt, indem man es in einen »Mittelpunkt« verwandelt; dann wird die Gültigkeit des Aktes durch die Wiederholung des göttlichen Opfers bestätigt. Natürlich geht die Weihung des »Mittelpunkts« in einem Raum vor sich, der sich von dem profanen wesentlich unterscheidet. Paradoxerweise wird durch den Ritus jeder geweihte Ort zum Mittelpunkt der Welt, wie ja auch die Zeit eines beliebigen Ritus mit der mythischen Zeit des »Anfangs« zusammenfällt. Durch die Wiederholung des kosmogonischen Aktes wird die konkrete Zeit, in der sich der Bau vollzieht, in die mythische Zeit projiziert, *in illud tempus*, in der die Erschaffung der Welt geschah. So werden *Wirklichkeit* und *Dauer* eines Bauwerks nicht nur durch die Verwandlung des profanen Raums in einen transzendenten (den »Mittelpunkt«) gesichert, sondern auch durch die Verwandlung der konkreten in die mythische Zeit. Jedes beliebige Ritual vollzieht sich, wie wir weiter unten sehen werden, nicht allein in einem geweihten Raum – das heißt einem, der wesentlich unterschieden ist von jedem profanen Raum –, sondern auch in einer »heiligen Zeit«, »in jener Zeit« (*in illo tempore, ab origine*), das heißt in jener Zeit, als das Ritual zum ersten Male durch einen Gott, eine Ahnengestalt oder einen Heros vollzogen worden ist.

5. *Göttliche Vorbilder der Rituale*

Jede rituelle Handlung hat ein göttliches Modell, ein Urbild; diese Tatsache ist genügend bekannt, so daß wir uns an einige Beispiele halten können. »Wir müssen tun, was die Götter am Anfang taten« (*Shatapatha-Brâhmana* VII, 2,1,4). »So haben die Götter getan, so tun die Menschen« (*Taîttirîya-Brâhmana* I, 5,9,4). Dieses indische Sprichwort faßt die ganze Anschauung zusammen, die den Riten aller Länder zugrunde liegt. Wir finden diese Vorstellung ebensowohl bei den sogenannten »primitiven« Völkern wie auch in den entwickelten Kulturen. Die Ureinwohner Südostaustraliens z.B. bedienen sich bei der Beschneidung eines steinernen Messers, weil ihre mythischen Ahnen es sie so gelehrt haben. Die Amazulu-Neger tun dasselbe, weil Unkulunkulu (der kulturbringende Heros) *in illo tempore* dekretiert hat: »Die Männer sollen beschnitten werden, damit sie nicht den Kindern ähnlich sind.«[37] Die Hako-Zeremonie der Pawnee-Indianer ist den Priestern am Anfang der Zeiten von Tirawa, dem obersten Gott, offenbart worden. Bei den Sakhalaven auf Madagaskar müssen »alle familiären, sozialen, nationalen und religiösen Sitten in Übereinstimmung mit *lilindraza* beobachtet werden, das heißt mit den eingesetzten Sitten und den nicht geschriebenen Gesetzen, die von den Ahnen geerbt worden sind.«[38] Es wäre unnütz, die Beispiele zu vermehren; alle religiösen Handlungen sind nach diesen Vorstellungen von den Göttern, kulturbringenden Heroen oder mythischen Ahnen eingesetzt worden.[39] Nebenbei bemerkt haben bei den »Primitiven« nicht allein die rituellen Handlungen ihr mythisches Vorbild, sondern jeder beliebige menschliche Akt gewinnt seine Wirksamkeit in dem Maße, als er genau eine Handlung wiederholt, die am Anfang der Zeiten durch einen Gott, Heros oder Ahnen vollzogen worden ist. Am Ende dieses Kapitels werden wir auf diese exemplarischen Handlungen zu sprechen kommen, die von den Menschen unaufhörlich nur wiederholt werden.

Indessen, wir behaupteten, eine solche »Theorie« rechtfertige das Ritual nicht nur in den »primitiven« Kulturen. Im alten Ägypten z. B. hing in den letzten Jahrhunderten die Kraft des Ritus und des Wortes, über die die Priester verfügten, ab von der Wiederholung der primordialen Handlung des Gottes Thot, der die Welt durch die Kraft seines Wortes geschaffen hatte. Die iranische Überlieferung weiß, daß die religiösen Feste von Ormuzd eingesetzt worden sind, um an die Etappen der Weltschöpfung zu erinnern, die ein Jahr dauerte. Am Ende einer jeden dieser Perioden, die nacheinander die Erschaffung des Himmels, der Wasser, der Erde, der Pflanzen, der Tiere und der Menschen darstellten, gab sich Ormuzd fünf Tage lang der Ruhe hin, womit er die hauptsächlichen mazdaistischen Feste ins Leben rief (vgl. *Bundahishn* 1, A 18ff.). Der Mensch kann nichts anderes tun, als den Schöpfungsakt wiederholen; sein religiöser Kalender ruft im Laufe eines Jahres alle kosmogonischen Akte wieder ins Gedächtnis zurück, die *ab origine* stattgefunden haben. Tatsächlich wiederholt das heilige Jahr unaufhörlich die Erschaffung der Welt, der Mensch ist Zeitgenosse der Kosmogonie und der Anthropogonie, weil das Ritual ihn in die mythische Epoche des Anfangs versetzt. Ein Bacchant ahmt durch seine orgiastischen Riten das Leidensdrama des Dionysos nach; ein Orphiker wiederholt durch das Zeremonial seiner Initiation die ursprünglich von Orpheus vollzogenen Handlungen.

Auch noch der jüdisch-christliche Sabbat ist eine *imitatio Dei.* Die Sabbatruhe wiederholt die primordiale Handlung des Herrn, denn am siebenten Tage der Schöpfung ruhte Gott, »nachdem er sein ganzes Werk vollbracht hatte« (*Genesis* 2,2). Die Botschaft des Heilands ist an erster Stelle ein Beispiel, das nachgeahmt werden soll. Nachdem Jesus seinen Jüngern die Füße gewaschen hatte, sagte er zu ihnen: »Ich habe euch ein Beispiel gegeben, damit auch ihr so handelt, wie ich an euch gehandelt habe« (*Johannes* 13,15). Die Demut ist nur eine Tugend, wenn sie aber nach dem Beispiel des Heilands ausgeübt wird, ist sie eine religiöse Handlung

und ein Mittel zum Heil: »Wie ich euch geliebt habe, so sollt auch ihr einander lieben« (ebd. 13,34; 15,12). Diese christliche Liebe ist durch Jesu Beispiel geweiht. Ihre Betätigung löscht die Sünde der menschlichen Existenz und heiligt den Menschen. Wer an Jesus glaubt, kann *tun*, was Er getan hat; Beschränkungen und Ohnmacht gibt es nicht mehr für ihn. »Wer an mich glaubt, wird die Werke, die ich vollbringe, auch vollbringen« (14,12). Die Liturgie ist eine genaue Erinnerung an das Leben und die Leidensgeschichte des Heilands. Wir werden weiter unten sehen, daß diese Erinnerung tatsächlich eine Reaktualisierung »jener Zeit« ist.
Auch die Hochzeitsriten haben ein göttliches Vorbild, und die menschliche Hochzeit reproduziert die Götterhochzeit, genauer gesagt, die Vereinigung zwischen Himmel und Erde. »Ich bin der Himmel«, sagt der Bräutigam, »du bist die Erde« (*dyaur aham, pritivî tvam; Brhadâranyaka-Upanishad* VI, 4,20). Schon im *Atharva-Veda* (XIV, 2,71) werden der Bräutigam und die Braut dem Himmel und der Erde verglichen; und in einem andern Gesang (*Atharva-Veda* XIV, 1) wird jede Hochzeitshandlung durch einen Prototyp aus den mythischen Zeiten gerechtfertigt: »Wie Agni die rechte Hand dieser Erde ergriff, also ergreife ich deine Hand ... daß der Gott Savitar deine Hand ergreife ... Tvashtar legte ihr Gewand ab, damit sie schön sei nach der Weisung Brhaspatis und der Dichter. Mögen Savitar und Bhaga diese Frau mit Kindern bedenken, wie sie es für die Tochter der Sonne getan haben!« (48, 49,52) In dem Zeugungsritus, der durch die *Brhadâranyaka-Upanishad* überliefert wird, verwandelt sich der Zeugungsakt in eine Hierogamie von kosmischen Ausmaßen und mobilisiert eine ganze Gruppe von Göttern: »Möge Vishnu die Gebärmutter bereiten; möge Tvashtar die Formen bilden; möge Prajâpati sich ergießen; möge Dhatar den Keim in dich legen!« (VI,4,21) Dido feiert ihre Hochzeit mit Äneas mitten in einem heftigen Sturm (Vergil, *Aeneis* IV, 160), ihre Vereinigung fällt mit derjenigen der Elemente zusammen; der Himmel umarmt seine Braut, indem er den befruchtenden Regen

auslöst. In Griechenland ahmten die Hochzeitsriten das Beispiel des Zeus nach, der sich heimlich mit Hera vereinigte (Pausanias, II,36,2). Diodor von Sizilien (V,72,4) versichert uns, daß die kretische Hierogamie von den Bewohnern der Insel nachgeahmt worden ist; mit andern Worten, die zeremonielle Vereinigung fand ihre Rechtfertigung in einem primordialen Ereignis, das »in jener Zeit« stattfand.
Hervorzuheben ist die kosmogonische Struktur all dieser Hochzeitsriten: es handelt sich nicht darum, ein exemplarisches Modell, die Hierogamie zwischen Himmel und Erde, nachzuahmen; sondern man denkt immer an das *Resultat* dieser Hierogamie, das heißt an die Erschaffung der Welt. Aus diesem Grunde ahmt eine unfruchtbare Frau in Polynesien, wenn sie befruchtet werden will, die exemplarische Handlung der Urmutter nach, die *in illo tempore* von dem Großen Gott Io auf die Erde gelegt worden ist. Bei dieser Gelegenheit rezitiert man gleichermaßen den kosmogonischen Mythos. Wenn man aber im Gegenteil eine Scheidung vornehmen will, stimmt man einen Gesang an, in dem man die »Trennung von Himmel und Erde« anruft.[40] Die rituelle Rezitation des kosmogonischen Mythos ist bei zahlreichen Völkern gebräuchlich; wir werden später darauf zurückkommen. An dieser Stelle wollen wir festhalten, daß der kosmogonische Mythos nicht nur den Hochzeiten als exemplarisches Modell dient, sondern auch jeder andern Zeremonie, deren Anliegen es ist, die *integrale Fülle* wiederherzustellen. Deshalb rezitiert man den Schöpfungsmythos, wenn es sich um Krankenheilungen, Fruchtbarkeit, Geburten, landwirtschaftliche Arbeiten usw. handelt. Die Kosmogonie stellt die Schöpfung *par excellence* dar.
Demeter eint sich mit Jasion zu Frühlingsanfang auf der frisch besäten Erde (*Odyssee* V,125). Der Sinn dieser Vereinigung ist klar: sie trägt dazu bei, die Fruchtbarkeit des Bodens voranzutreiben, den wunderbaren Schwung der tellurischen Schöpferkräfte. Ein solcher Brauch war bis zum vergangenen Jahrhundert in Nord- und Mitteleuropa noch recht häufig

(bezeugt durch die Sitte, daß sich die Paare auf den Feldern vereinten).[41] In China gingen die jungen Paare im Frühling hinaus, vereinten sich auf der Wiese, um die »kosmische Wiedergeburt« und das »universale Keimen« anzuregen. Und tatsächlich findet jede menschliche Paarung ihr Vorbild und ihre Rechtfertigung in der Hierogamie, der kosmischen Einigung der Elemente. Das *Yue Ling* (Buch der monatlichen Vorschriften) sagt, daß die Gattinnen des Kaisers im ersten Frühlingsmonat, wenn es zu donnern beginnt, sich zum Kaiser begeben, um mit ihm zu schlafen. Das kosmische Beispiel wird durch den Herrscher und das ganze Volk nachgeahmt. Die eheliche Vereinigung ist ein Ritus, der zum kosmischen Rhythmus gehört und von daher seine Gültigkeit empfängt.

Die ganze Hochzeitssymbolik im Alten Orient kann mit Hilfe himmlischer Urbilder erklärt werden. Die Sumerer feierten am Neujahrstag die Hochzeit der Elemente. Überall im Alten Orient wird dieser Tag durch den Mythos der Hierogamie und ebenso durch die Riten begangen, in denen sich der König mit der Gottheit vereint.[42] Am Neujahrstag schläft Ishtar bei Tammuz, und der König wiederholt diese mythische Hierogamie, indem er die rituelle Vereinigung mit der Göttin vollzieht (d. h. mit der Hierodule, die deren Stellvertreterin auf Erden ist). Das geschieht in einem geheimen Raum des Tempels, in dem das Hochzeitsbett der Göttin aufgeschlagen ist. Die Götterhochzeit sichert die irdische Fruchtbarkeit; wenn Ninlil sich mit Enlil vereint, beginnt der Regen zu fallen.[43] Diese gleiche Fruchtbarkeit wird auch durch die zeremonielle Vereinigung des Königs, der Paare auf der Erde gesichert, usw. Die Welt regeneriert sich jedesmal, wenn die Hierogamie nachgeahmt, das heißt jedesmal, wenn die eheliche Vereinigung vollzogen wird. Das deutsche Wort »Hochzeit« kommt von »Hochgezît«, Fest des Jahresbeginns. Die Hochzeit regeneriert das »Jahr« und verleiht daher Fruchtbarkeit, Fülle und Glück.

Die Vergleichung des Geschlechtsaktes mit der Feldarbeit ist in zahlreichen Kulturen sehr häufig.[44] Im *Shatapatha-Brâhmana* (VII, 2, 2, 5) wird die Erde dem weiblichen Zeugungsorgan (*yoni*) verglichen und die Saat dem männlichen Samen. »Ihr Frauen seid gemacht wie die Erde« (*Koran* II, 223). Die meisten kollektiven Orgien finden ihre rituelle Rechtfertigung in der Absicht, die Kräfte der Vegetation zu fördern: sie finden zu gewissen kritischen Zeiten des Jahres statt, wenn die Saaten keimen oder die Ernte reift usw., und haben immer eine Hierogamie zum mythischen Vorbild. So zum Beispiel wird bei dem Stamm der Ewe in Westafrika die Orgie in dem Augenblick praktiziert, in dem die Gerste zu keimen beginnt; die Orgie ist durch eine Hierogamie legitimiert (die jungen Mädchen werden dem Python-Gott angeboten). Die gleiche Art der Legitimation bei den Oraon-Völkern: bei ihnen findet die Orgie im Mai statt, wenn der Sonnengott sich mit der Erdgöttin vereint. Alle diese orgiastischen Exzesse beziehen auf die eine oder andere Weise ihre Rechtfertigung aus einem kosmischen oder biokosmischen Akt: Regeneration des Jahres, kritische Erntezeit usw. In Rom marschierten zur Zeit der Floralia (27. April) die jungen Burschen nackt durch die Straßen; während der Lupercalia berührten sie die Frauen mit der Hand, um deren Unfruchtbarkeit zu bannen; aus Anlaß des Holi-Festes sind in ganz Indien alle möglichen Freiheiten erlaubt. In Mittel- und Nordeuropa hatten die kirchlichen Autoritäten schwer zu kämpfen gegen die Schamlosigkeiten, die anläßlich der Erntefeste die Regel waren (so etwa das Konzil von Auxerre 590). Auch alle diese Manifestationen richteten sich nach einem übermenschlichen Urbild und sollten universale Fruchtbarkeit und Fülle herbeiführen.[45]

Angesichts des von uns in diesem Buch verfolgten Ziels kann es gleichgültig sein, inwieweit die *Eheriten* und die Orgie die *Mythen*, in denen sie ihre Rechtfertigung finden, erst geschaffen haben. Wichtig ist, daß die Orgie nicht anders als die Ehe eine rituelle Handlung darstellte, durch die göttliche Akte oder bestimmte Episoden des heiligen Dramas des Kosmos nachgeahmt wurden – wichtig also ist diese Rechtfertigung der menschlichen Handlungen durch ein außermenschliches Vorbild. Ob der Mythos manchmal erst dem Ritus folgt – z. B. haben die vorehelichen zeremoniellen Vereinigungen in Griechenland schon vor der Zeit stattgefunden, für welche der Mythos von den vorehelichen Beziehungen zwischen Hera und Zeus bezeugt ist, der ihnen als Rechtfertigung diente –, diese Feststellung vermindert nicht im geringsten den heiligen Charakter des Rituals. Nur die *Formulierung* des Mythos verspätet sich, sein *Inhalt* ist archaisch und bezieht sich auf Sakramente, das heißt auf Handlungen, die eine absolute, außermenschliche Wirklichkeit voraussetzen.

6. *Archetypen der »profanen« Handlungen*

In einer ein wenig summarischen Formulierung könnte man sagen, die archaische Welt kenne »profane« Handlungen überhaupt nicht; denn jede Handlung, die einen klar umrissenen Sinn hat – Jagd, Ackerbestellung, Spiele, Konflikte, Sexualität usw. –, ist auf irgendeine Weise des Heiligen teilhaftig. Wie wir in der Folge noch deutlicher sehen werden, sind nur solche Handlungen »profan«, die keine mythische Bedeutsamkeit haben, die also kein exemplarisches Vorbild besitzen. So kann man sagen, daß jede verantwortliche Handlung, die ein klares Ziel verfolgt, für die archaische Welt rituell ist. Da aber die meisten dieser Handlungen einem langwierigen Prozeß der Entheiligung unterworfen waren und in den modernen Gesellschaften zu »profanen« Handlungen geworden sind, hielten wir es für angebracht, sie besonders zu unterteilen.

Betrachten wir z.B. den Tanz. Im Anfang waren alle Tänze heilig, mit andern Worten, sie hatten ein außermenschliches Vorbild. Die damit zusammenhängenden Einzelheiten brauchen wir nicht alle zu erörtern: manchmal z.B. ist dieses Vorbild ein Totem- oder Sinnbildtier gewesen; seine Bewegungen mögen nachgeahmt worden sein, um auf magische Weise seine konkrete Gegenwart zu beschwören, seine Anzahl zu vermehren, für den Menschen die Verkörperung im Tier zu erreichen; das Vorbild ist in andern Fällen eine Gottheit gewesen (der pyrrhische Waffentanz z.B., der von Athene eingesetzt wurde, usw.) oder ein Heros (vgl. den Tanz des Theseus im Labyrinth); auch vollführte man Tänze, um Nahrung zu erlangen, den Toten Ehre zu erweisen oder den guten Gang des Kosmos zu sichern; anderswo tanzte man anläßlich der Einweihungen, der magisch-religiösen Zeremonien, der Hochzeiten usw. Das alles ist hier nicht näher zu untersuchen. Was uns hier angeht, ist die angenommene außermenschliche Entstehung des Tanzes (denn jeder Tanz ist *in illo tempore* geschaffen worden, durch einen »Ahnen«, ein Totemtier, einen Gott oder Heros in der mythischen Zeit). Die choreographischen Rhythmen haben ihr Vorbild außerhalb des profanen Lebens des Menschen. Ob sie nun die Bewegungen des Totem- oder Sinnbildtiers oder die der Gestirne darstellen, ob sie in sich selbst rituelle Handlungen sind (labyrinthische Schritte, Sprünge, Bewegungen, die mit Hilfe zeremonieller Instrumente ausgeführt werden, usw.) – immer ahmt ein Tanz eine archetypische Geste nach oder ruft ein mythisches Moment ins Gedächtnis. Kurz gesagt, er ist eine Wiederholung und deshalb eine Reaktualisierung »jener Zeit«.

Streitigkeiten, Konflikte, Kriege haben zumeist einen rituellen Grund und eine rituelle Funktion. Es ist ein stimulierender Gegensatz zwischen den beiden Hälften des Clans oder ein Wettkampf zwischen den Stellvertretern zweier Gottheiten (in Ägypten z. B. der Kampf zwischen zwei Gruppen, die Osiris und Seth repräsentieren) – immer ruft auch ein solcher Kampf eine Episode des kosmischen und göttlichen Dramas ins Gedächtnis. Auf keinen Fall kann man den Krieg oder das Duell durch rationalistische Motive erklären. Sehr richtig hat Hocart die rituelle Bedeutung der Feindseligkeiten beleuchtet.[46] Jedesmal wenn der Konflikt sich wiederholt, gibt es eine Nachahmung eines archetypischen Vorbilds. In der nordischen Überlieferung fand der erste Zweikampf statt, als Thor durch den Riesen Hrungnir herausgefordert wird, ihm an der »Grenze« entgegentritt und ihn im Einzelkampf besiegt. Man findet in der indo-europäischen Mythologie dasselbe Motiv noch öfter, und Georges Dumézil[47] hat durchaus recht, wenn er annimmt, es handele sich dabei um eine verspätete, nichtsdestoweniger aber authentische Version der sehr alten Darstellung einer Initiation ins Kriegshandwerk. Der junge Krieger mußte den Kampf zwischen Thor und Hrungnir wiederholen; tatsächlich besteht die Einweihung ins Waffenhandwerk in einer Tapferkeitshandlung, deren mythischer Prototyp die Tötung eines dreiköpfigen Ungeheuers ist. Die *berserkir*, wilde Krieger, verkörpern recht eigentlich den

Zustand der heiligen »Wut« (*menos, furor*) des primordialen Urbilds.

Die indische Zeremonie der Salbung des Königs (*râsjasûya*) »ist nur das irdische Abbild der alten Weihehandlung, die Varuna, der erste Herrscher, zu seinen Gunsten vorgenommen hat; das wiederholen die Brâhmana bis zum Überdruß ... Immer wieder in den rituellen Erklärungen erscheint, ermüdend aber instruktiv, die Feststellung, wenn der König diese oder jene Handlung ausführe, so geschehe das, weil am Anfang der Zeiten, am Tage der Weihung, Varuna eben diese Handlung vollzogen habe.«[48]

Und dieser gleiche Mechanismus kann auch in allen andern Überlieferungen ans Licht gebracht werden, soweit die Dokumente, über die wir verfügen, es uns erlauben.[49] Die Konstruktionsriten wiederholen also den primordialen kosmogonischen Bauakt. Das Opfer, das anläßlich der Errichtung eines Hauses (einer Kirche, einer Brücke usw.) stattfindet, ahmt auf der menschlichen Ebene nur jenes primordiale Opfer nach, das *in illo tempore* feierlich begangen wurde, damit die Welt geboren werden könne (siehe Kap. II).

Auch der magische und pharmazeutische Wert gewisser Pflanzen ist einem himmlischen Urbild der einzelnen Pflanze zu verdanken oder auch dem Umstand, daß sie zum ersten Male von einem Gott gepflückt worden ist. Keine Pflanze trägt ihren Wert in sich selbst, sondern verfügt über ihn nur wegen ihrer Teilhabe an einem Urbild oder weil gewisse Handlungen und Worte wiederholt werden, welche die Pflanze aus dem profanen Bereich herausheben und sie heiligen. So geben zwei Beschwörungsformeln aus dem 16. Jahrhundert, die man in England bei der Heilkräutersuche aussprach, deutlich den Ursprung ihrer Kraft zu erkennen: zum ersten Male (d. h. *ab origine*) sind sie auf dem heiligen Kalvarienberg gewachsen (im »Mittelpunkt« der Erde also): »Heil dir, heiliges Kraut, das aus der Erde wächst! Du wuchsest zunächst auf dem Kalvarienberge, du hast die Kraft, Wunden aller Arten zu heilen. Im Namen des süßen Jesus pflücke ich dich« (1584). »Du bist heilig, Eisenkraut ... denn zuerst fand man dich auf dem Kalvarienberge. Du heiltest unseren Erlöser und schlossest seine blutenden Wunden. Im Namen (des Vaters, des Sohnes und des Heiligen Geistes) pflücke ich dich.« Diesen Kräutern schreibt man ihre Wirksamkeit zu, weil ihr Prototyp in einem entscheidenden kosmischen Augenblick entdeckt wurde (»in jener Zeit«), und zwar auf dem Kalvarienberg. Sie sind geheiligt worden, weil sie die Wunden des Erlösers geschlossen haben. Und die Wirksamkeit der eingesammelten Kräuter hängt nur davon ab, ob der Sammler den urbildlichen Heilungsakt wiederholt. Deshalb sagt eine alte Beschwörungsformel: »Wir gehen, Kräuter zu sammeln, damit wir sie auf die Wunden des Heilands legen.«[50]

Diese Sprüche volkstümlich christlicher Magie setzen eine alte Tradition fort. In Indien z.B. heilt das Kraut *Kapitthaka* (*Feronia elephantum*) sexuelle Impotenz, denn *ab origine* hat Gandharva es benutzt, um Varuna seine Männlichkeit zurückzugeben. Folglich ist das rituelle Sammeln dieses Krautes eine Wiederholung der Handlung des Gandharva. »Du, das Kraut, das der Gandharva für Varuna ausgegraben hat, der seine Manneskraft verloren hatte, dich graben wir aus!« (*Atharva-Veda* IV, 4, 1) Eine lange Anrufung im Pariser Papyrus macht den außergewöhnlichen Status des eingesammelten Krauts deutlich: »Du bist von Chronos gesät, von Hera gepflückt, von Ammon bewahrt, von Isis zur Welt gebracht und von Zeus Pluvius genährt worden; dank der Sonne und dem Tau bist du gewachsen ...« Für die Christen verdankten die Heilkräuter ihre Wirksamkeit der Tatsache, daß sie zuerst auf dem Kalvarienberg gefunden wurden. Für die vorchristliche Antike verdankten die Kräuter ihre Heilkraft der Tatsache, daß sie zuerst von den Göttern entdeckt wurden. »Petunie, die du zuerst von Äskulap oder dem Zentauren Chiron entdeckt worden bist ...«, so lautet die Beschwörungsformel, die eine Kräuterabhandlung empfiehlt.[51]

Es wäre ermüdend und für die Absicht dieser Untersuchung auch unnütz, die mythischen Urbilder aller menschlichen Handlungen zu erwähnen. Daß z.B. die menschliche Gerechtigkeit, die auf der Idee des »Gesetzes« basiert, in den kosmischen Normen (*Tao, artha, rta, tzedek, themis* usw.) ein himmlisches Modell besitzt, ist allzu bekannt, als daß wir darauf näher eingehen müßten. Daß »die Werke der Menschenkunst Nachahmungen der Werke der göttlichen Kunst« sind (*Aitarey-Brâhmana* VI, 27)[52], ist ebenfalls ein Leitmotiv der archaischen Ästhetiken, wie die Studien Ananda K. Coomaraswamys in bewundernswerter Weise gezeigt haben.[53] Von Interesse ist die Beobachtung, daß der Zustand der Glückseligkeit selbst, die *eudaimonia*, nur eine Nachahmung des göttlichen Zustands ist, wobei wir nicht weiter auf die verschiedenen Arten des *enthousiasmos* eingehen wollen, die in der Seele des Menschen hervorgerufen werden durch die Wiederholung gewisser Handlungen, die *in illo tempore* von den Göttern vollzogen wurden (dionysische Orgien usw.): »Die Tätigkeit Gottes, deren Glückseligkeit alles übersteigt, ist rein kontemplativ, und unter allen menschlichen Tätigkeiten ist diejenige die glücklichste, die der göttlichen Tätigkeit am nächsten kommt« (Aristoteles, *Nikomachische Ethik* 1778 b, 21); »Gott so ähnlich wie möglich werden« (Platon, *Theaitetos* 177 a); *»haec hominis est perfectio, similitudo Dei«* (Thomas v. Aquin).

Wir müssen hinzufügen, daß für die archaischen Gesellschaften alle wichtigen Handlungen des täglichen Lebens *ab origine* von Göttern oder Heroen offenbart worden sind. Die Menschen tun nichts anderes, als unaufhörlich diese beispielhaften und vorbildlichen Akte zu wiederholen. Der australische Yuin-Stamm weiß, daß Daramulun, »Allvater«, besonders für ihn alle Werkzeuge und Waffen erfunden hat, derer man sich bis heute bedient. Ebenso wissen die Angehörigen des Kurnai-Stammes, daß Munganngaua, das Höchste Wesen, unter ihnen zu Anfang der Zeiten gelebt hat, um ihnen beizubringen, wie sie Arbeitswerkzeuge, Boote und

Waffen herstellen könnten, »mit einem Wort, alle Handwerke, die sie kennen«.[54] In Neu-Guinea sprechen zahlreiche Mythen von ausgedehnten Meerfahrten und geben auf diese Weise »den heutigen Seefahrern Vorbilder«, daneben aber auch Modelle für alle andern Tätigkeiten, »handle es sich um die Liebe, Krieg, Fischfang, die Möglichkeit, Regen zu erzeugen, oder was es sonst sein mag ... [Der Mythos] stellt Beispiele auf für die verschiedenen Momente des Schiffbaus, für die sexuellen Tabus, die er bedingt, usw.« Wenn ein Kapitän aufs Meer hinausfährt, verkörpert er den mythischen Heros Aori. »Er trägt die Kleidung, die Aori nach dem Mythos anlegte; wie er hat er sich das Gesicht geschwärzt und trägt im Haar ein *love*, wie es Aori von Iviris Kopf genommen hat. Er tanzt auf Deck und breitet die Arme aus, wie Aori seine Flügel ausbreitete ... Ein Fischer sagte mir, wenn er (mit dem Bogen) auf Fischjagd gehe, gebe er sich für Kivavia selbst aus. Er flehte diesen mythischen Heros nicht um seine Gunst und Hilfe an: er identifizierte sich mit ihm.«[55]
Diese Symbolik der mythischen Präzedenzfälle findet sich gleichermaßen auch in anderen primitiven Kulturen. Bezüglich der Karuk in Kalifornien schreibt J. P. Harrington: »Alles, was der Karuk tat, vollbrachte er nur, weil – wie man glaubte – die Ikxareyavs davon in den mythischen Zeiten ein Beispiel gegeben hatten. Diese Ikxareyavs waren die Menschen, die Amerika vor der Besiedlung durch die Indianer bewohnten. Die heutigen Karuk, die nicht mehr wissen, wie sie das Wort verdolmetschen sollen, schlagen Übersetzungen vor wie ›die Fürsten‹, ›die Häuptlinge‹, ›die Engel‹ ... Sie blieben nur so lange bei ihnen, bis sie ihnen alle Bräuche gezeigt und in Gang gesetzt hatten, wobei sie immer wieder zu den Karuk sagten: ›So sollen die Menschen tun.‹ Ihre Handlungen und Worte werden auch heute noch in den magischen Formeln berichtet und zitiert.«[56]
Das sonderbare rituelle Handelssystem, das im nordwestlichen Amerika zu finden ist und dem Marcel Mauss seine berühmte Untersuchung gewidmet hat[57], ist nur die Wieder-

holung eines Brauchs, der in der mythischen Epoche durch die Ahnen eingesetzt worden ist. Ohne jede Schwierigkeit ließen sich die Beispiele vermehren.[58]

Alle Beispiele, die in diesem Kapitel zitiert werden, machen uns dieselbe »primitive« ontologische Vorstellung deutlich: ein Gegenstand oder eine Handlung werden wirklich nur in dem Maße, wie sie einen Archetyp *nachahmen* oder wiederholen. So wird die *Wirklichkeit* ausschließlich durch Wiederholung oder Teilhabe erworben; alles, was kein exemplarisches Vorbild besitzt, ist »des Sinnes entblößt«, das heißt, es besitzt keine Wirklichkeit. Die Menschen müßten demnach die Tendenz haben, archetypisch und paradigmatisch zu werden. Eine solche Tendenz könnte paradox erscheinen insofern, als der Mensch der frühen Kulturen sich nur in dem Maße für wirklich hält, als er aufhört, er selbst zu sein (in den Augen eines modernen Beobachters), und sich damit zufriedengibt, die Handlungen eines *andern* zu *wiederholen* und *nachzuahmen*. Mit andern Worten: er erkennt sich als *wirklich*, d.h. als »wahrhaftig er selbst« nur, soweit er eigentlich aufhört, es zu sein. Man könnte also wohl sagen, daß diese »primitive« Ontologie eine Platonische Struktur besitzt, und Platon könnte in diesem Fall als der Philosoph der »primitiven Mentalität« *par excellence* gelten, will sagen, als der Denker, dem es gelungen ist, die Arten des Seins und des Verhaltens der archaischen Menschheit philosophisch zu werten. Dadurch ist natürlich die »Originalität« seines philosophischen Genies nicht im geringsten gemindert, denn sein großes Verdienst bleibt sein Bemühen, diese Vision der archaischen Menschheit theoretisch zu rechtfertigen, und das mit den dialektischen Methoden, die seine Zeit ihm zur Verfügung stellte.

Aber unser Interesse richtet sich hier nicht auf diesen Aspekt der Platonischen Philosophie, sondern auf die archaische Ontologie. Die Platonische Struktur dieser Ontologie zu erkennen, würde uns nicht sehr weit führen. Nicht weniger wichtig ist der zweite Schluß, der sich aus der Analyse der Beispiele ergibt, die wir auf den vorhergehenden Seiten zitiert haben: nämlich, daß die Zeit durch die Nachahmung von Archetypen und die Wiederholung von urbildhaften Handlungen vernichtet werden soll. Ein Opfer z.B. wiederholt nicht nur genau das erste Opfer, das von einem Gott *ab origine*, im Anfang der Zeiten, gebracht worden ist, sondern es *findet statt* in eben diesem mythischen primordialen Augenblick. Mit andern Worten: jedes Opfer *wiederholt* das anfängliche Opfer und fällt mit ihm zusammen, *koinzidiert* mit ihm. Alle Opfer werden im gleichen mythischen Augenblick des Anfangs gebracht; durch das Paradox des Ritus werden profane Zeit und Dauer aufgehoben. Ebenso ist es mit den *Wiederholungen*, also mit allen Nachahmungen der Archetypen. Durch diese Nachahmung wird der Mensch in die mythische Epoche versetzt, in der die Archetypen zum ersten Male offenbart wurden. Wir bemerken also einen zweiten Aspekt der primitiven Ontologie: In dem Maße, in dem eine Handlung (oder ein Gegenstand) eine gewisse *Wirklichkeit* durch die Wiederholung von urbildhaften Handlungen gewinnt (und dadurch allein gewinnt sie eine solche), werden *implicite* die profane Zeit, die Dauer und die »Geschichte« aufgehoben; und derjenige, der die exemplarische Handlung ausführt, findet sich in die mythische Epoche versetzt, in der eben diese vorbildhafte Handlung offenbart worden ist.

Die Aufhebung der profanen Zeit und die Versetzung des Menschen in die mythische Zeit werden natürlich nur in wesentlichen Abständen bewirkt, in denen der Mensch also *wahrhaft er selbst* ist: im Augenblick wichtiger Rituale oder Handlungen (Nahrungsaufnahme, Zeugung, Zeremonien, Jagd, Fischfang, Krieg, Arbeit usw.). Den Rest seines Lebens verbringt er in der profanen und sinnentleerten Zeit, im »Werden«. Die brahmanischen Texte verdeutlichen sehr klar das Heterogene der beiden Zeiten: der heiligen und der profanen, der Seinsweise der Götter, die an die »Unsterblichkeit« gebunden ist, und derjenigen des Menschen, der dem »Tode« anheimgegeben ist. In dem Maße aber, in dem er das archetypale Opfer wiederholt, verläßt der Opfernde während der zeremoniellen Handlung die profane Welt der Sterblichen und versetzt sich in die göttliche Welt der Unsterblichen. Er spricht es übrigens in den folgenden Worten aus: »Ich habe den Himmel, die Götter erreicht; ich bin unsterblich geworden!« (*Taittirîya-Samhitâ*, 1,7,9) Wenn er ohne gewisse Vorbereitungen auf die profane Welt zurückkehren würde, die er während der rituellen Handlung verlassen hat, würde er sofort sterben. Deshalb sind verschiedene Riten der Entheiligung unentbehrlich für den Opfernden, der sich wieder der profanen Zeit einfügen will. Ebenso während der zeremoniellen geschlechtlichen Vereinigung; der Mensch hört auf, in der profanen und sinnentblößten Zeit zu leben, wenn er einen göttlichen Archetyp nachahmt (»Ich bin der Himmel, du bist die Erde« usw.). Der melanesische Fischer *wird* zum Heros Aori und wird, wenn er aufs Meer hinausfährt, in die mythische Zeit versetzt, in jene Zeit, in der die urbildhafte Meeresfahrt stattfand. Wie der profane Raum durch die Symbolik des Mittelpunkts aufgehoben ist, durch die jeder beliebige Tempel, Palast und jedes sonstige Bauwerk in denselben Zentralpunkt des mythischen Raums versetzt wird – ebenso wird durch jede sinnvolle Handlung des archaischen Menschen, jede *wirkliche* Handlung, also durch jede Wiederholung einer archetypischen Handlung, die profane Zeit aufgehoben, so daß diese Handlung an der mythischen Zeit teilhat.

Daß diese Aufhebung der profanen Zeit einem tiefen Bedürfnis des archaischen Menschen entspricht, werden wir im nächsten Kapitel festzustellen Gelegenheit haben, wenn wir eine Reihe paralleler Vorstellungen im Verhältnis zur Erneuerung der Zeit und zur Symbolik des Jahresanfangs betrachten. Wir werden dann auch die Bedeutung dieses Bedürfnisses verstehen und werden ganz zu Anfang sehen, daß der Mensch der archaischen Kulturen die »Geschichte« nur schwer erträgt und sich Mühe gibt, sie periodisch aufzuheben. Die Beispiele, die wir im gegenwärtigen Kapitel untersucht haben, werden dann auch noch unter anderen Aspekten von Bedeutung sein. Aber ehe wir dem Problem der Erneuerung der Zeit nähertreten, erscheint es angebracht, unter einem andern Blickpunkt den Mechanismus der *Verwandlung des Menschen in einen Archetypus durch Wiederholung* zu betrachten. Wir werden einen klar umrissenen Fall untersuchen: In welchem Maße bewahrt das kollektive Gedächtnis die Erinnerung an ein »historisches« Ereignis? Wir haben gesehen, daß der Krieger, wer immer er auch sei, einen »Heros« nachahmt und versucht, sich diesem archetypischen Vorbild so weit wie möglich zu nähern. Sehen wir jetzt einmal zu, was das Volk im Gedächtnis behält von einer historischen Gestalt, über die wir genügend Dokumente besitzen. Wenn wir das Problem von hier aus angehen, tun wir einen Schritt vorwärts, da wir es diesmal ja mit einer Gemeinschaft zu tun haben, die zwar »Volk« ist, aber doch nicht mehr »primitiv« genannt werden kann.

So kennt man, um ein Beispiel herauszugreifen, den paradigmatischen Mythos vom Kampf zwischen dem Heros und der Schlange, die oft als dreiköpfig vorgestellt und manchmal durch ein Meerungeheuer ersetzt wird (Indra, Herakles usw.; Marduk). Wo die Überlieferung noch eine gewisse zeitgenössische Bedeutung hat, betrachten sich die Herrscher als die Nachahmer des primordialen Heros: Darius sah sich als neuen Thraetaona an, nach dem Heros aus dem iranischen Mythos, der ein dreiköpfiges Ungeheuer erlegt haben soll: *für* ihn und *durch* ihn wurde die Geschichte regeneriert, denn eigentlich war sie die Reaktualisierung eines primordialen Heldenmythos. Die Gegner des Pharao wurden als »Söhne des Verfalls«, als »Wölfe und Hunde« betrachtet, usw. In dem Text, den man das *»Apophisbuch«* genannt hat, werden die Feinde, die der Pharao bekämpft, mit dem Drachen Apophis identifiziert, während der Pharao dem Gott Rê verglichen wird, dem Besieger des Drachens.[59] Die gleiche Verwandlung der Geschichte in Mythos findet sich, wenn auch in einer anderen Perspektive, in den Visionen der jüdischen Propheten. Um »die Geschichte ertragen« zu können, das heißt die politischen Erniedrigungen und die militärischen Niederlagen, interpretierten die Juden die Ereignisse ihrer Zeit mit Hilfe des sehr alten kosmogonisch-heroischen Mythos, der natürlich den vorläufigen Sieg des Drachens implizierte, aber doch versicherte, daß er schließlich durch einen Messias-König getötet würde. Daher verleiht ihre Vorstellungskraft den heidnischen Königen (Fragment Zadochite IX, 19-20) die Züge des Drachens: So wird Pompeius in den Psalmen Salomos beschrieben (9, 29), so wird Nebukadnezar von Jeremia gezeichnet (51, 34). Und im Asher-Testament tötet der Messias den Drachen unter dem Wasser (vgl. *Psalm* 74, 13).

In den Fällen des Darius und des Pharao wie im Fall der messianischen Überlieferung der Juden haben wir es mit einer »Elite« zu tun, die sich die zeitgenössische Geschichte anhand eines Mythos erklärt. Es handelt sich also um eine Reihe zeitgenössischer Ereignisse, die dargestellt und interpretiert werden nach dem außerzeitlichen Beispiel des Heldenmythos. Für einen modernen, überkritischen Betrachter könnte der Anspruch des Darius Eitelkeit oder politische Propaganda bedeuten, und die mythische Verwandlung der heidnischen Könige in Drachen könnte nach seiner Meinung die geschickte Erfindung einer jüdischen Minorität sein, der es unmöglich erschien, die »historische Wirklichkeit« zu ertragen und die sich um jeden Preis mit der Flucht in Mythos und Wunschtraum trösten wollte. Daß eine solche Interpretation schon deshalb irrig wäre, weil sie die Struktur der archaischen Mentalität nicht in Rechnung stellt, geht unter anderem aus der Tatsache hervor, daß auch das Gedächtnis des Volkes den geschichtlichen Vorgängen und Gestalten einen ganz ähnlichen Sinn beilegt. Wenn daher auch vielleicht die Lebensgeschichte Alexanders des Großen verdächtigt werden könnte, sie habe einen literarischen Ursprung und sei also künstlicher Art, so würde ein solcher Einwurf völlig wertlos sein gegenüber den Dokumenten, die wir in weiterer Folge heranziehen werden.

Dieudonné de Gozon, der dritte Großmeister der Ritter vom Heiligen Johannes von Rhodos, wird mit dem Ruhm bedacht, den Drachen von Malpasso erlegt zu haben. Wie es ganz natürlich erscheint, sind dem Fürsten von Gozon in der Legende dann Eigenschaften des heiligen Georg beigelegt worden, der ja wegen seines siegreichen Kampfes gegen das Ungeheuer allgemein bekannt war. Unnütz zu sagen, daß der Kampf des Fürsten von Gozon in den Berichten aus seiner Zeit nicht erwähnt wird, sondern erst ungefähr *zwei Jahrhunderte* nach der Geburt des Helden angeführt zu werden beginnt. Mit andern Worten: wegen des einfachen Umstands, daß der Fürst von Gozon als ein Heros betrachtet wurde, reihte man ihn in eine Kategorie, einen Archetypus ein, der sich um seine authentischen, *historischen* Taten überhaupt nicht mehr kümmerte, sondern ihm eine mythische Lebensgeschichte verlieh, in der den Kampf gegen ein Reptil-Ungeheuer auszulassen, eine Unmöglichkeit gewesen wäre.[60]
P. Caraman zeigt uns in einer sehr gut belegten Studie über die Geburt der historischen Ballade, daß in einer rumänischen Ballade, die von einem unglücklichen Zug der Türken erzählt, fast nichts mehr von dem zugrundeliegenden feststehenden geschichtlichen Ereignis erhalten ist (Malkosh Paschas Expedition gegen Polen 1499, in einem außergewöhnlich strengen Winter, die in der Chronik des Leunclavius und in anderen polnischen Quellen erwähnt wird und bei der eine ganze türkische Armee in der Moldauprovinz ihren Untergang fand). In der Ballade wird das historische Ereignis völlig in ein mythisches verwandelt (Malkosh Pascha im Kampf mit »König Winter« usw.).[61]
Diese »Mythisierung« historischer Persönlichkeiten ist in ganz analoger Art auch in der jugoslawischen Heldendichtung zu beobachten. Marko Krajlevic, der Held der jugoslawischen Gesänge, zeichnete sich während der zweiten Hälfte des 14. Jahrhunderts durch seine Tapferkeit aus. Seine geschichtliche Existenz kann nicht bezweifelt werden, und man kennt sogar das Jahr seines Todes (1394). Aber die

historische Persönlichkeit Markos wurde, nachdem sie erst einmal in das Volksgedächtnis übergegangen war, vernichtet, und seine Lebensgeschichte wurde nach mythischen Normen rekonstruiert. Seine Mutter ist jetzt eine *Vila*, eine Fee, ganz wie die griechischen Helden zur Mutter eine Nymphe oder Najade hatten. Auch seine Frau ist eine *Vila*, die er durch List gewinnt und deren Flügel er gut verbirgt, damit sie nicht vielleicht davonflöge und ihn verließe (was übrigens, in einigen Varianten der Ballade, dann doch eintrifft, nachdem sie ihr erstes Kind zur Welt gebracht hat).[62] Marko kämpft gegen einen dreiköpfigen Drachen und tötet ihn, analog dem archetypischen Beispiel von Indra, Thraetaona, Herakles usw.[63] In Übereinstimmung mit dem Mythos von den »feindlichen Brüdern« kämpft er auch gegen seinen Bruder Andrija und tötet ihn. In dem Kreis um Marko sind ebenso viele Anachronismen zu finden wie in andern archaischen Epenzyklen. Obwohl er doch im Jahre 1394 starb, wird Marko einmal als der Freund, einmal als der Feind des Johann Hunyadi bezeichnet, der sich in den Kriegen gegen die Türken um 1450 auszeichnete. (Von Interesse ist die Feststellung, daß die Begegnung dieser beiden Helden in den Manuskripten der epischen Balladen des 17. Jahrhunderts erwähnt wird; also *zweihundert Jahre* nach Hunyadis Tod. In den modernen epischen Dichtungen sind die Anachronismen sehr viel seltener.[64] Die Gestalten, die in ihnen gefeiert werden, haben noch nicht Zeit genug gehabt, in mythische Helden verwandelt zu werden.)

Das gleiche mythische Prestige umgibt auch andere Helden der epischen Dichtung der Jugoslawen. Vukashin und Novak heiraten eine *Vila.* Vuk (der »Drachenherr«) kämpft gegen den Drachen von Jastrebac und kann sich auch selbst in einen Drachen verwandeln. Vuk regierte in Srijem zwischen 1471 und 1485; es wird aber von ihm berichtet, er sei Lazar und Milica zu Hilfe gekommen, die ungefähr ein Jahrhundert vorher schon gestorben waren. In den Gesängen, deren Themen um die erste Schlacht von Kossowo kreisen (1389), werden Menschen aufgeführt, die damals bereits seit zwanzig Jahren tot waren (z.B. Vukashin) oder die erst ein Jahrhundert später ihr Leben beschlossen (Erceg Stjepan). Die Feen (*Vila*) heilen die verwundeten Helden, retten sie, sagen ihnen die Zukunft voraus und machen sie auf drohende Gefahren aufmerksam usw., ganz wie in den Mythen ein weibliches Wesen dem Heros hilft und ihn beschützt. Kein »Beweisstück« für einen Heros fehlt: einen Baum mit einem Pfeilschuß durchbohren, über mehrere Pferde springen, ein junges Mädchen mitten aus einer Gruppe von Jünglingen herauskennen, die alle die gleiche Kleidung tragen, usw.[65]

Gewisse Heroen der russischen Bylinen haben sehr wahrscheinlich einen Bezug zu historischen Prototypen. Eine Anzahl der Helden aus dem Kiewer Zyklus wird in den Chroniken erwähnt. Aber darauf beschränkt sich ihre Geschichtlichkeit auch. Es läßt sich nicht einmal mit Bestimmtheit sagen, ob Fürst Wladimir, der im Mittelpunkt des Kiewer Zyklus steht, Wladimir I. ist (gest. 1015) oder sein Urenkel, Wladimir II., der von 1113 bis 1125 regierte. Was nun die großen Helden der Bylinen dieses Zyklus angeht, Swyatogor, Mikula und Wolga, so reduzieren sich die historischen Elemente in ihren Gestalten und Abenteuern auf fast nichts. Sie werden schließlich den Helden der Mythen und der Volkserzählungen zum Verwechseln ähnlich. Eine der herausragenden Gestalten des Kiewer Zyklus, Dobrynya Nikititsch, der in den Bylinen hin und wieder als der Neffe Wladimirs genannt wird, verdankt das Wesentliche seines Ruhmes einer ausgesprochen mythischen Tat: er tötet einen zwölfköpfigen Drachen. Ein anderer Held der Bylinen, der Heilige Michael von Potuka, erschlägt einen Drachen, der soeben ein junges Mädchen verschlingen wollte, das man ihm zum Opfer gebracht hatte.

Manchmal kann man die Metamorphose einer historischen Gestalt in einen mythischen Heros aus der Nähe beobachten. Wir denken nicht allein an die übernatürlichen Elemente, die zur Bekräftigung der Legenden herbeigerufen werden: so

z. B. verwandelt sich der Held Wolga aus dem Kiewer Zyklus in einen Vogel oder einen Wolf, nicht anders als ein Schamane oder eine Gestalt der alten Sagen. Egori kommt mit silbernen Füßen zur Welt, seine Arme sind von Gold, und sein Kopf ist mit Perlen bedeckt. Ilya von Murom gleicht eher einem Riesen aus den Volkserzählungen, denn läßt er nicht Himmel und Erde sich berühren? Die Beispiele ließen sich fortsetzen. Hinzu kommt noch etwas anderes: Die Mythisierung der historischen Prototypen, die ihren Protagonisten an die epischen Volksgesänge ausgeliehen haben, geht ebenfalls nach einem exemplarischen Modell vor sich: sie sind »gemacht nach dem Beispiel der Heroen der alten Mythen«. Alle gleichen sich durch ihre wunderbare Geburt; selbst im *Mahâbhârata* und in den Homerischen Epen ist zum mindesten ein Elternteil göttlich. Wie in den epischen Gesängen der Tataren und Polynesier unternehmen die Helden eine Reise zum Himmel oder steigen zur Hölle hinab.

Um es noch einmal zu wiederholen: Es handelt sich hier nicht um den historischen Charakter der Gestalten, die in den Epen besungen werden, sondern darum, daß ihre Geschichtlichkeit nicht lange der Verwandlungskraft der Mythisierung standhält. Das geschichtliche Ereignis als solches bewahrt sich nicht in der Volksüberlieferung, wie wichtig es auch sein möge, und die Erinnerung daran entzündet die dichterische Phantasie nur insoweit, als dieses geschichtliche Ereignis einem mythischen Modell möglichst genau entspricht. In der Byline, die den schrecklichen Geschehnissen zur Zeit der Napoleonischen Invasion gewidmet ist (1812), hat man die Rolle Zar Alexanders I. als Führer der russischen Armee vergessen, gleichfalls hat man den Namen und die Bedeutsamkeit Borodinos außer acht gelassen, nur die Gestalt des Volksheros Kutusow ragt heraus. Im Jahre 1912 sah eine ganze serbische Brigade, wie Marko Krajlevic den Angriff gegen die Burg von Prilip anführte, die Jahrhunderte vorher das Lehen dieses Volkshelden gewesen war: es genügte eine besonders heldenhafte Tat, damit die kollektive Phantasie sich ihrer bemächtigte und sie dem überlieferten Archetyp von Markos Handlungen anglich, um so eher natürlich, als es sich hier um seine eigene Burg handelte.

»Myth is the last – not the first – stage in the development of a hero.«[66] Das aber bestätigt die Folgerung, die zahlreiche Forscher (vgl. Caraman u. a.) gezogen haben: daß nämlich die Erinnerung an ein geschichtliches Ereignis oder eine authentische Gestalt nicht länger als zwei oder drei Jahrhunderte im Gedächtnis des Volkes erhalten bleibt. Das beruht auf dem Umstand, daß das Gedächtnis des Volkes nur mühsam »individuelle« Ereignisse und »authentische« Gestalten festzuhalten vermag. Es funktioniert mit Hilfe völlig anderer Strukturen: *Katagorien* anstelle von *Ereignissen*, *Archetypen* anstelle von *historischen Gestalten.* Die geschichtliche Figur wird ihrem mythischen Modell (Heros usw.) angeglichen, während das Ereignis in die Kategorie der mythischen Handlungen eingeordnet wird (Kampf gegen das Ungeheuer, feindliche Brüder usw.). Wenn sich in einigen epischen Gesängen bewahrt, was »geschichtliche Wahrheit« genannt wird, so betrifft diese »Wahrheit« fast nie genau umrissene Gestalten oder Ereignisse, sondern Institutionen, Sitten, Landschaften. So kommt es, wie M. Murko bemerkt, daß z. B. die epischen Gedichte der Serben völlig exakt das Leben an der österreichisch-türkischen und der türkisch-venezianischen Front vor dem Frieden von Karlowitz im Jahre 1699 beschreiben.[67] Aber solche »geschichtlichen Wahrheiten« betreffen eben nicht »Persönlichkeiten« oder »Ereignisse«, sondern traditionelle Formen des sozialen und politischen Lebens (deren »Werden« viel langsamer vor sich geht als das individuelle »Werden«). Sie richten sich, kurz gesagt, auf Archetypen.

Das kollektive Gedächtnis ist ungeschichtlich. Diese Feststellung beinhaltet nun allerdings weder, daß die Folklore »aus dem Volke geboren«, noch, daß die epische Dichtung eine »kollektive Schöpfung« sei. Murko, Chadwick und andere Gelehrte haben die Rolle deutlich gemacht, die der schöpferischen Persönlichkeit, dem »Künstler«, für die Erfindung und

Entwicklung der epischen Dichtung zukommt. Wir wollen nur sagen, daß – unabhängig von dem Ursprung dieser folkloristischen Themen und von dem mehr oder weniger großen Talent des Schöpfers der epischen Dichtung – die Erinnerung an historische Ereignisse und Gestalten im Laufe von zwei oder drei Jahrhunderten gewisse Veränderungen durchmacht, damit sie in die Vorform der archaischen Mentalität eingehen kann, die das *Individuelle* nicht aufzunehmen und nur das *Exemplarische* zu bewahren vermag. Diese Rückführung der Ereignisse auf Kategorien und der Individualitäten auf Archetypen, wie sie beim einfachen Volk in Europa bis auf unsere Tage erhalten geblieben ist, geht in Übereinstimmung mit der archaischen Ontologie vor sich. Man könnte sich zu der Annahme versucht fühlen, das Volksgedächtnis gebe der historischen Persönlichkeit der modernen Zeiten die Bedeutung zurück, die ihr als Nachahmer des Archetypus und als Wiederholer der archetypischen Handlungen zukommt. Eine Bedeutung also, deren sich die archaischen Gesellschaften bewußt waren und bewußt geblieben sind (wie es die in diesem Kapitel zitierten Beispiele beweisen), die aber z.B. bei solchen Persönlichkeiten wie Dieudonné von Gozon oder Marko Krajlevic in Vergessenheit geraten war.

Hin und wieder, wenn auch sehr selten, kann man die Umwandlung eines Geschehnisses in einen Mythos aus nächster Nähe beobachten. Kurz nach dem letzten Krieg hatte der rumänische Volkskundler Constantin Brailoiu Gelegenheit, eine wunderschöne Ballade in einem Dorf im Maramureschgebiet aufzunehmen. Ihr Gegenstand war eine Liebestragödie: Ein junger Bräutigam war von einer Bergfee mit Zauber umstrickt worden; und wenige Tage vor dem festgesetzten Hochzeitstag stürzte sie ihn aus Eifersucht in einen Abgrund. Am nächsten Tag fanden Hirten seine Leiche und auf einem Baum seinen Hut. Sie trugen den Toten ins Dorf zurück, und die Braut kam ihnen entgegen. Als sie in dem Toten ihren Bräutigam erkannte, brach sie in eine Totenklage aus, voller mythischer Anspielungen – ein liturgischer Text von rustikaler Schönheit. Das war der Inhalt der Ballade. Als der Volkskundler alle ihm greifbaren Varianten der Ballade aufzeichnete und sich dabei erkundigte, wann die Geschichte denn »spiele«, erklärte man ihm, es sei eine sehr alte Geschichte, die »vor langer Zeit« geschehen sei. Der Gelehrte trieb seine Untersuchung weiter und erfuhr schließlich, daß die »alte Geschichte« höchstens vierzig Jahre zurücklag. Er entdeckte sogar, daß die besungene Heldin noch lebte, besuchte sie und hörte aus ihrem eigenen Munde den Sachverhalt der Geschichte. Eine recht banale Angelegenheit: aus Unaufmerksamkeit stürzte der Bräutigam eines Abends in einen Abgrund, starb aber nicht sogleich, so daß seine Schreie von Bergbewohnern gehört wurden. Sie brachten ihn ins Dorf zurück, wo er wenig später seinen Verletzungen erlag. Bei der Beerdigung stimmte die Braut, zusammen mit den andern Frauen, die rituellen Klagelieder an, ohne die geringste Anspielung auf die Bergfee.

Wenige Jahrzehnte hatten also genügt, den Vorfall aller geschichtlichen Authentizität zu entkleiden und ihn, obwohl die Hauptzeugin noch in direkter Nähe war, in einen legendären Bericht zu verwandeln: die eifersüchtige Fee, der gewaltsame Tod des Bräutigams, die Entdeckung der Leiche, die Beklagung durch die Braut in mythischen Anspielungen. Fast das ganze Dorf war Zeitgenosse des authentischen Geschehens gewesen, aber die Fakten als solche konnten den Menschen nicht genügen: der tragische Tod eines Bräutigams kurz vor der Hochzeit bedeutete für sie nicht einen einfachen tödlichen Unfall, sondern besaß einen geheimen Sinn, der erst offenbar werden konnte, als der Vorgang in die mythische Kategorie aufgenommen war. Die Mythisierung des Zufalls beschränkte sich auch nicht auf die Schöpfung einer Ballade: man erzählte die Geschichte von der eifersüchtigen Fee auch dann, wenn man nüchtern, »prosaisch« von dem Tod des Bräutigams berichten wollte. Als der Volkskundler die Dorfbewohner auf die authentische Version der Geschichte aufmerksam machte, antworteten sie ihm, die

Alte habe vergessen und der große Schmerz habe sie fast um den Verstand gebracht. Der Mythos sprach für die Dorfbewohner die alleinige Wahrheit, die tatsächliche Geschichte war schon nichts anderes mehr als Lüge. Besaß denn der *Mythos* nicht viel mehr Wahrheitscharakter, da er doch der *Geschichte* einen tieferen und reicheren Sinn verlieh und ein tragisches Geschick offenbarte?
Der Charakter des Volksgedächtnisses ist ahistorisch, das kollektive Gedächtnis ist nicht in der Lage, die historischen Ereignisse und Individualitäten festzuhalten, wenn es sie nicht in Archetypen verwandelt, also alle ihre »historischen« und »persönlichen« Besonderheiten aufhebt. Das führt uns zu einer Reihe neuer Probleme, die wir für den Augenblick aber zurückstellen müssen. Aber wir dürfen uns schon jetzt fragen, ob die Bedeutung der Archetypen für das Bewußtsein der archaischen Menschheit und die Unfähigkeit des Volksgedächtnisses, anderes als Archetypen zu bewahren, nicht noch mehr deutlich machen als den Widerstand der traditionellen Geisteswelt gegenüber der Geschichte. Wir dürfen uns fragen, ob uns dadurch nicht die Hinfälligkeit oder zumindest die untergeordnete Bedeutung der menschlichen Individualität als solcher gezeigt wird, dieser Individualität, deren schöpferische Spontaneität im letzten Grunde die Authentizität und Unumstößlichkeit der Geschichte ausmacht. Jedenfalls ist es bemerkenswert, daß einerseits das Gedächtnis des Volkes sich weigert, persönliche, »historische« Elemente aus der Lebensgeschichte eines Helden aufzunehmen, während anderseits die höheren mystischen Erfahrungen eine letzte Erhöhung des persönlichen Gottes zu einem überpersönlichen einbegreifen. Es wäre aufschlußreich, unter diesem Gesichtspunkt die Vorstellungen vom Leben nach dem Tode zu vergleichen, wie sie sich in den verschiedenen Überlieferungen herausgebildet haben. Die Verwandlung des Gestorbenen in einen »Ahnen« entspricht der Eingliederung des Individuums in eine Kategorie des Archetypus. Nach zahlreichen Überlieferungen (in Griechenland z.B.) verlieren die

Seelen der gewöhnlichen Toten ihre »Erinnerung«, das heißt aber, sie verlieren gerade das, was man ihre geschichtliche Individualität nennen kann. Die Verwandlung der Toten in Larven usw. bedeutet in einem gewissen Sinn ihre Reintegration in den unpersönlichen Archetypus des »Ahnen«. Daß nach der griechischen Überlieferung allein die Helden nach dem Tode ihre Persönlichkeit (also ihr Gedächtnis) bewahren, ist leicht zu verstehen: da der Held während seines irdischen Lebens nur *exemplarische* Handlungen begangen hat, bewahrt er auch die Erinnerung an sie. In einem gewissen Betracht sind sie ja *unpersönlich*.

Wenn wir die Vorstellungen von der Verwandlung der Toten in »Ahnen« beiseite lassen und den Tod als eine Beendigung der »Geschichte« des Individuums betrachten, so bleibt es doch nicht weniger natürlich, daß die Erinnerung *post mortem* an diese Geschichte ihre Grenzen hat, oder mit andern Worten, daß die Erinnerung an die Leiden, Erlebnisse, alles, was mit der eigentlichen Individualität zusammenhängt, an einem gewissen Zeitpunkt nach dem Tode ihre Kraft verliert und zu existieren aufhört. Was den Einwurf angeht, ein unpersönliches Überleben komme einem wahren Tod gleich (insofern nämlich, als allein die Persönlichkeit und das an die Dauer und die Geschichte gebundene Gedächtnis ein Überleben genannt werden dürften), so ist er nur vom Standpunkt eines »historischen Bewußtseins« aus wirksam. Mit andern Worten, dabei geht es nur um den Standpunkt des modernen Menschen, denn das archaische Bewußtsein gesteht den »persönlichen« Erinnerungen keinerlei Bedeutung zu. Es fällt nicht leicht, genauer auszudrücken, was ein »Überleben des unpersönlichen Bewußtseins« bedeuten könnte, obwohl gewisse geistige Erfahrungen es ahnen lassen möchten. Was gibt es an »Persönlichem« und »Historischem« in der Emotion, die man fühlt, wenn man Bachsche Musik hört, in der Aufmerksamkeit, die zur Lösung eines mathematischen Problems notwendig ist, in der konzentrierten Klarheit, die man zur Durchdenkung einer philosophischen Frage benötigt? In dem Maße, in dem der moderne Mensch sich durch die Geschichte beeinflussen läßt, fühlt er sich durch die Möglichkeit dieses unpersönlichen Überlebens beeinträchtigt. Aber das Interesse für die Unumstößlichkeit und die »Neuheit« der Geschichte ist im Leben der Menschheit noch jungen Datums. Und im geraden Gegensatz dazu, wie wir sogleich sehen werden, kämpfte die archaische Menschheit und verteidigte sich mit allen Mitteln gegen alles Neue und *Unumstößliche*, das die *Geschichte* mit sich brachte.

KAPITEL II
DIE ERNEUERUNG DER ZEIT

1. »Jahr«, »Neues Jahr«, Kosmogonie

Die Riten und Glaubensvorstellungen, die wir hier unter dem Titel »Erneuerung der Zeit« zusammenfassen, sind von unendlicher Mannigfaltigkeit, und wir neigen nicht dazu, die Möglichkeit ihrer Einordnung in ein zusammenhängendes und einheitliches System zu überschätzen. Ebensogut können wir auch darauf verzichten, in der vorliegenden Untersuchung alle Formen der Erneuerung der Zeit auszubreiten und sie morphologisch und historisch zu analysieren. Wir unternehmen es nicht zu erforschen, wie man dazu gekommen ist, einen Kalender aufzustellen, und inwieweit es möglich wäre, in ein und demselben System die Vorstellungen, die man sich in den verschiedenen Völkern von dem »Jahr« gemacht hat, zusammenzufassen. In der Mehrzahl der primitiven Gesellschaften bildet das »Neue Jahr« ein Äquivalent zu der Aufhebung des Tabus bei der neuen Ernte, die auf diese Weise als eßbar und unschädlich für die ganze Gemeinschaft erklärt wird. Wo man mehrere Sorten Getreide oder Früchte anbaut, deren Reifung sich über mehrere Jahreszeiten erstreckt, finden wir manchmal mehrere Jahresfeiern.[1] Das bedeutet aber, daß die »Zeiteinschnitte« durch die Rituale bedingt werden, die sich die Erneuerung der Nahrungsreserven angelegen sein lassen; der Rituale also, die das Weiterleben der ganzen Gemeinschaft sichern. (Man ist indessen nicht berechtigt, diese Riten einfach als Reflexe des ökonomischen und sozialen Lebens anzusehen: »ökonomisch« und »sozial« enthüllen in den traditionellen Gesellschaften einen ganz andern Sinn, als ein moderner Europäer diesen Wörtern zuzugestehen bereit ist.) Die Annahme des Sonnenjahres als Zeiteinheit ist ägyptischer Herkunft. Die meisten anderen historischen Kulturen (bis zu einer bestimmten Epoche auch Ägypten) kennen ein zugleich solares und lunares Jahr von 360 Tagen (zu 12 Monaten mit je 30 Tagen), denen man 5 Zwischentage hinzufügte.[2] Die Zuñi-Indianer nannten die Monate die »Stufen des Jahres« und das Jahr den »Vorübergang der Zeit«. Der

Beginn des Jahres war von einem Land zum andern und von Epoche zu Epoche verschieden, da immer wieder Kalenderreformen stattfanden, die den rituellen Sinn der Feste mit den Jahreszeiten in Einklang bringen sollten, denen er entsprechen mußte.

Indessen, weder die Beweglichkeit des Neujahrsbeginns (März-April, 19. Juli wie bei den alten Ägyptern, September, Oktober, Dezember-Januar usw.) noch die Verschiedenheit der Dauer, die dem Jahr von den einzelnen Völkern zugeschrieben wurde, konnte irgendwo die Bedeutung mindern, die in allen Ländern dem *Ende* einer Zeitperiode und dem *Beginn* einer neuen zukam. Es ist daher nur verständlich, wenn es uns gleichgültig ist, daß z.B. die Yoruba-Bevölkerung in Afrika das Jahr in trockene Jahreszeit und Jahreszeit des Regens einteilt, daß bei ihnen die »Woche« aus fünf Tagen besteht gegenüber acht bei den Ded Calabar; oder daß die Warumbi die Monate nach den Phasen des Mondes rechnen und so zu einem Jahr von etwa dreizehn Monaten gelangen; oder auch, daß die Ahanta jeden Monat in zwei Perioden von je zehn Tagen (oder von neun und einem halben) einteilen usw. Für uns ist wesentlich, daß es überall eine Vorstellung vom Ende und vom Anfang einer zeitlichen Periode gibt, die auf die Beobachtung biokosmischer Rhythmen gegründet ist und sich in ein größeres System eingliedert, in dasjenige der periodischen Reinigungen nämlich (vgl. die Reinigungen, das Fasten und Sündenbekennen usw. aus Anlaß des Verzehrs der neuen Ernte) und der periodischen Erneuerung des Lebens. Dies Bedürfnis nach einer periodischen Erneuerung erscheint uns in sich schon bedeutsam genug. Die Beispiele, die wir sogleich beibringen werden, zeigen uns aber noch sehr viel Wichtigeres: daß nämlich die periodische Erneuerung der Zeit mehr oder weniger deutlich und besonders in den geschichtlichen Kulturen eine neue Schöpfung voraussetzt, also eine Wiederholung des kosmogonischen Aktes. Und diese Vorstellung einer periodischen Schöpfung, also der zyklischen Regeneration der Zeit, führt uns zu dem Problem, das uns in der vorliegenden Untersuchung an erster Stelle beschäftigt: zum Problem der Aufhebung der »Geschichte«.

Die mit der Ethnographie und Religionsgeschichte vertrauten Leser wissen um die Bedeutung einer ganzen Reihe von periodischen Zeremonien, die wir, der bequemeren Darstellung wegen, in zwei große Rubriken eingruppieren können: 1. die jährliche Austreibung der Dämonen, Krankheiten und Sünden; 2. Rituale für die Tage, die dem Neuen Jahr vorausgehen. In einem Band seines *The Golden Bough* hat J. G. Frazer unter dem Titel »Der Sündenbock« nach seiner Art eine ausreichende Anzahl von Beispielen für beide Kategorien aufgeführt. Wir brauchen das Material auf den folgenden Seiten also nicht neu zusammenzustellen. In großen Zügen kann die Zeremonie der Austreibung von Dämonen, Krankheiten und Sünden auf die folgenden Elemente zurückgeführt werden: Fasten, Waschungen und Reinigungen; Löschung des Feuers und seine rituelle Wiederbelebung in einem zweiten Teil der Zeremonie; Austreibung der »Dämonen« mit Lärm, Geschrei und Schlägen (im Innern der Wohnungen), darauf unter verstärktem Lärm ihre Verfolgung durch das Dorf; diese Austreibung kann sich in der Form der rituellen Verjagung eines Tieres (Typ »Sündenbock«) oder eines Menschen (Typ Mamurius Veturius) vollziehen, der als das körperliche Vehikel betrachtet wird, mit dessen Hilfe die Belastungen der ganzen Gemeinschaft über die Grenzen des besiedelten Gebietes hinausgetrieben werden können (der »Sündenbock« wurde von den Juden und den Babyloniern in die Wüste gejagt). Oft finden zwischen zwei Gruppen von Stellvertretern zeremonielle Kämpfe statt oder kollektive Orgien oder Prozessionen von Maskierten (die die Seelen der Ahnen, die Götter usw. darstellen). In zahlreichen Gegenden erhält sich noch die Vorstellung, daß anläßlich dieser Manifestationen die Seelen der Toten sich den Wohnungen der Lebenden nähern, die ihnen respektvoll entgegenkommen und sie für die Dauer einiger Tage mit Ehren überhäufen, sie dann aber mit feierlichem Geleit wieder bis an die Grenze des Dorfes fortbringen oder sie verjagen. Bei dieser Gelegenheit werden die Jünglinge feierlich eingeweiht (genaue Belege dafür finden wir bei den Japanern, den Hopi-Indianern, gewissen indogermanischen Völkern usw.; siehe weiter unten). Fast überall fällt – oder fiel doch zu einer bestimmten Zeit – diese Austreibung der Dämonen, Krankheiten und Sünden zusammen mit einer besonderen Epoche, mit dem Fest des Neuen Jahres.

Wohlverstanden, man begegnet nur selten allen diesen Elementen in ausdrücklicher Einheit; in einigen Gesellschaften dominieren die Zeremonien der Löschung und Wiederbelebung des Feuers; in andern steht die Austreibung der Dämonen und Krankheiten mit Hilfe von Lärm und heftigen Gebärden an erster Stelle; anderswo legt man mehr Gewicht auf die Austreibung des »Sündenbocks« in Tier- oder Menschengestalt, usw. Aber die Bedeutung der Zeremonie im ganzen wie auch jedes einzelnen der konstituierenden Elemente ist genügend klar: anläßlich dieses Zeiteinschnitts, den das »Jahr« bedeutet, erleben wir nicht nur das tatsächliche Ende eines bestimmten zeitlichen Intervalls und den Beginn eines neuen, sondern auch die *Vernichtung* des vergangenen Jahres und der abgelaufenen Zeit. Das ist übrigens der Sinn der rituellen Reinigungen: eine *Verbrennung*, eine Annullierung der Sünden und Fehler des Individuums und der Gemeinschaft im ganzen und nicht etwa nur eine einfache »Reinigung«. Die Regeneration ist, wie schon der Name besagt, eine neue Geburt. Die im vorhergehenden Kapitel zitierten Beispiele und vor allem diejenigen, die wir jetzt betrachten wollen, zeigen uns klar, daß diese jährliche Austreibung der Sünden, Krankheiten und Dämonen im Grunde den Versuch darstellt, wenn auch nur vorübergehend, die mythische und primordiale Zeit wiederherzustellen, die »reine« Zeit, die Zeit, die im »Augenblick« der Schöpfung war. Jedes Neue Jahr ist eine Wiederaufnahme der Zeit an ihrem Beginn, also eine Wiederholung der Kosmogonie. Die rituellen Kämpfe zwischen zwei Gruppen von Figuranten, die Gegenwart der Toten, die Saturnalien und Orgien bieten uns ebenfalls Elemente, aus denen wir – aus Gründen, die wir noch darzulegen gedenken – schließen können, daß am Ende des Jahres und in der Erwartung des Neuen Jahres die mythischen Augenblicke des Übergangs vom Chaos zum Kosmos sich wiederholen.

Die zeremonielle Begehung des Neuen Jahres in Babylon (das *akîtu*) ist in diesem Betracht recht aufschlußreich. *Akîtu* konnte ebensogut während der frühjährlichen Tag- und Nachtgleiche gefeiert werden (im Monat Nisan) wie in der Tag- und Nachtgleiche des Herbstes, im Monat Tishrît (hergeleitet von *shurri* = »beginnen«). Über das Alter dieser Zeremonien kann kein Zweifel bestehen, selbst wenn die Daten der Begehung variieren. Ideologie und rituelle Struktur des »Neuen Jahres« existierten schon in der sumerischen Epoche; und man hat das System des *akîtu* von der akkadischen Zeit ab identifizieren können.[3] Diese genauen chronologischen Feststellungen sind nicht unwichtig; wir haben es mit Dokumenten der ältesten »geschichtlichen« Kultur zu tun, in der dem Herrscher eine beträchtliche Rolle zukommt, da er als Sohn und Stellvertreter Gottes auf Erden angesehen wird. Als solcher ist er auch verantwortlich für den geregelten Verlauf der Rhythmen der Natur und das Wohlergehen der ganzen Gesellschaft. Es ist daher nur natürlich, daß der König in den Neujahrszeremonien eine so bedeutende Rolle spielt. Ihm fällt die Aufgabe zu, die Zeit zu regenerieren.

Im Verlauf der *akîtu*-Zeremonien, die zwölf Tage dauerten, rezitierte man feierlich und zu wiederholten Malen den sogenannten Schöpfungsgesang, *Enûma elish*, im Tempel Marduks. Man reaktualisierte auf diese Weise den Kampf zwischen Marduk und dem Meerungeheuer Tiamat. Dieser Kampf hatte *in illo tempore* stattgefunden und durch den endgültigen Sieg des Gottes dem Chaos ein Ende gemacht.[4] Marduk erschafft den Kosmos aus den Teilen des zerstückelten Körpers Tiamats und erschafft den Menschen aus dem

Blut Kingus, des Dämons, dem Tiamat die Tafeln des Schicksals anvertraut hatte (*Enûma elish* VI, 33).[5] Daß diese Gedächtnisfeier der Schöpfung wirklich eine *Reaktualisierung* des kosmogonischen Aktes war, erweist sich uns sowohl in den rituellen Handlungen als auch in den Formeln, die während der Zeremonie gesprochen werden. Der Kampf zwischen Tiamat und Marduk wurde durch den Kampf zwischen zwei Gruppen von Figuranten dargestellt, wie wir es bei den Hethitern, immer während der dramatischen Feier des Neuen Jahres, finden, nicht anders bei den Ägyptern und Ras Shamra.[6] Der Kampf zwischen den beiden Figurantengruppen erinnerte nicht allein an den primordialen Kampf zwischen Marduk und Tiamat, sondern er *wiederholte*, aktualisierte die Kosmogonie, den Übergang vom Chaos zum Kosmos. Der mythische Vorgang war *gegenwärtig*; »möge er fortfahren, Tiamat zu besiegen und seine Tage zu verkürzen!« rief der Priester. Der Kampf, der Sieg der Schöpfung fanden *im gegenwärtigen Augenblick* statt.

Im Rahmen dieser selben *akîtu*-Zeremonien feierte man auch das »Losfest«, das »Schicksalsfest« (*zakmuk*), bei dem man die Voraussagen für jeden der zwölf Monate des Jahres bestimmte. Das lief darauf hinaus, die zwölf kommenden Monate zu *schaffen* (ein Ritual, das sich, mehr oder weniger deutlich, in anderen Überlieferungen erhalten hat; vgl. weiter unten). Der Niederfahrt Marduks zur Unterwelt (der Gott war »Gefangener im Berg«, also im Reich der Hölle) entsprach eine Zeit der Trauer und des Fastens für die ganze Gemeinschaft und der »Demütigung« für den König, ein Ritual, das sich in ein großes karnevalistisches System einfügen sollte, worauf wir hier aber nicht weiter eingehen können. Zugleich wurden die Übel und die Sünden mit einem Sündenbock ausgetrieben. Und schließlich wurde der Zyklus durch die Hierogamie des Gottes mit Sarpanîtûm abgeschlossen, die durch den König und eine Hierodule im Gemach der Göttin vollzogen wurde und der fraglos eine Zeit der kollektiven Orgie entsprach.[7]

Wie man sieht, umfaßt das *akîtu*-Fest eine Reihe dramatischer Elemente, deren Zweck die Vernichtung der abgelaufenen Zeit ist, die Restauration des primordialen Chaos und die Wiederholung des kosmogonischen Aktes:

1. Der erste Akt der Zeremonie stellt die Überwindung Tiamats dar und bedeutet daher einen Rückschritt in die mythische Zeit, die der Schöpfung vorausgeht; alle Formen sind nach dieser Annahme in der Wassertiefe des Anfangs untergegangen (*apsû*). Einsetzung eines »karnevalistischen Königs«, »Demütigung« des echten Herrschers, Umsturz aller sozialen Ordnung (nach Berossos wurden die Sklaven zu Herren usw.), nicht ein Zug, der nicht die universelle Verwirrung andeutete, die Vernichtung der Ordnung und der Hierarchie, die »Orgie« und das Chaos. Wir nehmen, so könnte man sagen, an einer »Sintflut« teil, die der ganzen Menschheit ein Ende bereitet, um der Heraufkunft einer neuen und regenerierten Menschheit den Weg zu bereiten. Übrigens wird ja auch in der babylonischen Überlieferung von der Sintflut, so wie sie uns Tafel XI des *Gilgamesch*-Epos bewahrt, daran erinnert, daß Uta-napishtim, bevor er das Schiff betrat, das er sich gebaut hatte, um der Sintflut zu entgehen, ein Fest bereitet hatte »wie am Tage des Neuen Jahres« (*akîtu*). Wir werden dieses diluvische (manchmal nur aquatische) Element in einigen anderen Überlieferungen wieder antreffen.

2. Die Erschaffung der Welt, die *in illo tempore*, am Anfang des Jahres stattgefunden hat, wird ebenfalls jährlich reaktualisiert.

3. Der Mensch nimmt unmittelbar, wenn auch in beschränktem Maße, an diesem kosmogonischen Werk teil (Kampf zwischen den beiden Figurantengruppen, durch die Marduk und Tiamat dargestellt werden; »Mysterien« bei dieser Gelegenheit, wie Zimmern und Reitzenstein sie schildern).[8] Diese Teilnahme versetzt den Menschen, wie wir im vorgehenden Kapitel gesehen haben, in die mythische Zeit und macht ihn zum Zeitgenossen der Kosmogonie.

4. Das »Schicksal« oder »Losfest« ist ebenfalls eine Formel

der Schöpfung; man stellt das »Schicksal« jedes Monats und jedes Tages fest.

5. Die Hierogamie verwirklicht in einer konkreten Weise die »Wiedergeburt« der Welt und des Menschen.

Die Bedeutung und die Riten des Neuen Jahres bei den Babyloniern finden ihre Entsprechung im ganzen Alten Orient. Wir haben einige davon flüchtig erwähnt, aber die Aufstellung ist nichts weniger als vollständig. In einer bemerkenswerten Untersuchung, *The Semitic New Year and the Origin of Eschatology*, die noch nicht die ihr gebührende Beachtung gefunden hat, macht der holländische Gelehrte A. J. Wensinck die Symmetrie deutlich, die zwischen verschiedenen mythisch-zeremoniellen Systemen des Neuen Jahres in der ganzen semitischen Welt herrscht. In jedem dieser Systeme erscheint dieselbe Zentralidee von der jährlichen Rückkehr ins Chaos, der eine neue Schöpfung folgt.[9] Wensinck hat den kosmischen Charakter der Neujahrsriten sehr gut gesehen (wobei wir allen Vorbehalt machen gegenüber seiner Theorie der »Herkunft« dieser rituell-kosmogonischen Vorstellung, die er im periodischen Schauspiel des Verschwindens und Wiedererscheinens der Vegetation erblicken will; während tatsächlich für die »Primitiven« die Natur eine Hierophanie ist und die »Naturgesetze« die Offenbarung der Seinsweise des Göttlichen sind). Daß die Sintflut und, im allgemeinen, das aquatische Element auf die eine oder andere Weise in den Neujahrsriten gegenwärtig sind, wird uns genügend garantiert durch die Waschungen, die bei dieser Gelegenheit vorgenommen werden, und durch die Verbindungen zwischen dem Ritual und dem Regen. »Im Laufe des Monats Tishri wurde die Welt geschaffen«, sagt Rabbi Eliezer; und »im Laufe des Monats Nisan«, bestätigt Rabbi Josua. Beides aber sind Regenmonate.[10] Aus Anlaß des Tabernakelfestes bestimmt man die Regenmenge, die für das kommende Jahr ausgeworfen werden soll, das heißt, man bestimmt das »Schicksal« der kommenden Monate.[11] Christus heiligt die Wasser am Tage der Epiphanie, und im Urchristentum waren

Ostern und Neujahr die gebräuchlichen Tauftage. (Die Taufe ist das Äquivalent eines rituellen Todes des alten Menschen, dem eine neue Geburt folgt. Auf der kosmischen Ebene hat die Taufe ihre Entsprechung in der Sintflut: Vernichtung der Konturen, Verwischung aller Formen, Rückgang ins Ungestaltete.) Ephraim der Syrer hat das Mysterium dieser jährlichen Wiederholung der Schöpfung sehr richtig gesehen und es zu erklären versucht: »Gott hat die Himmel neu geschaffen, weil die Sünder die himmlischen Körper angebetet haben. Er hat die Welt neu geschaffen, die von Adam geschändet war. Er hat mit seinem Speichel eine neue Schöpfung erbaut.«[12]

Einige Spuren dieses alten Dramas vom Kampf und Sieg der Gottheit über das Meerungeheuer, Verkörperung des Chaos, lassen sich in den jüdischen Neujahrsriten noch feststellen, wie sie sich im Jerusalemer Kult erhalten haben. Neuere Untersuchungen (von Mowinkkel, Pedersen, Hans Schmidt, A. R. Johnson u.a.) haben die rituellen und die kosmogonisch-eschatologischen Elemente aus den Psalmen gelöst und die Rolle des Königs im Neujahrsfest aufgezeigt, durch das man den Triumph Jahwes, des Herrn der Mächte des Lichts, über die Mächte der Finsternis feierte (das Wasserchaos, das primordiale Ungeheuer Rahab). Diesem Triumph folgte die Einsetzung Jahwes als König und die Wiederholung des kosmogonischen Aktes. Die Tötung des Ungeheuers Rahab und der Sieg über die Wasser (in der Bedeutung der Organisierung der Welt) bildeten das Äquivalent zur Schöpfung des Kosmos und zugleich zum »Heil« des Menschen (Sieg über den »Tod« als Garantie der Nahrung für das kommende Jahr, usw.).[13]

Wir wollen uns hier darauf beschränken, von diesen Spuren archaischen Kults vorerst nur eine festzuhalten: die periodische Wiederholung (am »Ende« des Jahres, *Exodus* 23,16; während der »Wende« des Jahres, ebd. 34,22) der Schöpfung (denn der Kampf gegen Rahab setzt die Reaktualisierung des primordialen Chaos voraus, während der Sieg über die »Tiefen der Wasser« nichts anderes bedeuten kann als die Schaffung »fester Formen«, also die Schöpfung selbst). Wir werden zuletzt sehen, daß im Bewußtsein des jüdischen Volkes dieser kosmogonische Sieg zum Sieg über die gegenwärtigen und zukünftigen fremden Könige wird; die Kosmogonie rechtfertigt den Messianismus und die Apokalypse und gibt auf diese Weise die Grundlagen einer Philosophie der Geschichte.

Der Umstand, daß dieses periodische »Heil« des Menschen eine unmittelbare Entsprechung in der Garantie der Nahrung für das kommende Jahr findet (Weihung der neuen Ernte), darf uns nicht dazu bringen, in diesen Zeremonien nur noch die Spuren eines »primitiven« Ackerbau-Festes zu erblicken. In der Tat hatte die Nahrungsaufnahme in allen archaischen Gesellschaften auf der einen Seite eine rituelle Bedeutung; was wir die »lebenerhaltenden Werte« nennen, war eher der Ausdruck einer Ontologie in biologischen Begriffen. Für den archaischen Menschen ist *das Leben ein absoluter Wert* und als solcher *heilig*. Anderseits feierte man den Neujahrsbeginn, das sogenannte Tabernakelfest (*hag hasukkôt*), Jahwes Fest *par excellence* (*Richter* 21,19; *Levitikus* 23,39 usw.), am fünfzehnten Tage des siebenten Monats (*Deuteronomium* 16,13; *Sacharja* 14,16), also fünf Tage nach *iôm ha-kip-pûrîm* (*Levitikus* 16,29) und den damit verbundenen Sündenbock-Zeremonien. Es ist nun schwierig, diese beiden religiösen Momente, die Ausmerzung der Sünden der Gemeinschaft und die Neujahrsfeier, auseinanderzuhalten, besonders wenn man in Rechnung stellt, daß, vor der Übernahme des babylonischen Kalenders, der siebente Monat der erste im jüdischen Kalender war. Es war Brauch, daß anläßlich des *iôm ha-kip-pûrîm* die jungen Mädchen sich vor die Stadtgrenzen hinausbegaben, um zu tanzen und sich zu belustigen; bei dieser Gelegenheit wurden auch die Heiraten ins Werk gesetzt. Am gleichen Tage aber duldete man auch eine Menge von Ausschreitungen, die manchmal sogar orgiastische Formen annahmen und uns sehr wohl an die letzte Phase des *akîtu* erinnern können (das auch außerhalb der Stadt gefeiert wurde), wie an die Freiheiten überhaupt, die anläßlich der Neujahrszeremonien weit verbreitet sind.[14]

Heiraten, sexuelle Freiheit, kollektive Reinigung durch Sündenbekenntnis und Austreibung des Sündenbocks, Weihung der Ernte, Thronbesteigung Jahwes und Feier zum Gedenken an seinen Sieg über den »Tod«, das alles sind Momente eines weiten Zeremoniensystems. Die Ambivalenz und die Polarität dieser Episoden (Fasten und Ausschweifung, Trauer und Freude, Verzweiflung und Orgie usw.) können deren Komplementärfunktionen im Rahmen dieses selben Systems nur noch bestätigen. Aber die hauptsächlichen Momente bleiben doch ohne Frage die Reinigung mit Hilfe des Sündenbocks und die Wiederholung des kosmogonischen Aktes durch Jahwe. Der ganze Rest ist nur Beifügung auf verschiedenen Ebenen und antwortet auf verschiedene Bedürfnisse mit derselben archetypischen Geste, um zu verdeutlichen, daß durch die Wiederholung der Kosmogonie die Wiedergeburt der Welt und des Lebens gesichert wird.

Die Weltschöpfung wird also jedes Jahr wiederholt. »Allah ist es, der die Schöpfung bewirkt, also wiederholt er sie«, sagt der *Koran* (*Sure* IV, 4). Diese ewige Wiederholung des kosmogonischen Aktes, der jedes Neue Jahr zum Antritt einer Ära macht, erlaubt den Toten die Rückkehr ins Leben und unterhält die Hoffnung der Gläubigen auf eine Auferstehung des Fleisches. Wir werden noch über die Verbindung zwischen den Neujahrszeremonien und dem Totenkult zu sprechen haben. Merken wir aber jetzt schon an, daß die fast über die ganze Welt verbreiteten Vorstellungen, nach denen die Toten zu ihrer Familie zurückkehren können (oft als »lebende Tote«), wenn das Neue Jahr beginnt (während der zwölf Tage, die Weihnachten vom Epiphaniasfest trennen), der Hoffnung Ausdruck verleihen, die Zeit lasse sich in diesem mythischen Augenblick aufheben, in dem die Welt vernichtet und erneuert wird. Dann *können* die Toten also zurückkehren, da alle Grenzen zwischen Toten und Lebenden gefallen sind (das primordiale Chaos scheint wiedergekehrt zu sein), und *kommen* zurück, da in diesem Augenblick des Paradoxen die Zeit aufgehoben ist und sie deshalb von neuem Zeitgenossen der Lebenden sein können. Und da sich eine neue Schöpfung vorbereitet, dürfen sie sogar hoffen, sie könnten für dauernd und in ganz bestimmter Form ins Leben wieder eintreten.

Deshalb weiß man dort, wo man an die Auferstehung des Fleisches glaubt, daß diese Auferstehung am Anfang des Jahres stattfinden wird, also am Beginn einer neuen Ära. Lehmann und Pedersen haben das für die semitischen Völker aufgezeigt, während Wensinck[15] zahlreiche Zeugnisse dafür innerhalb der christlichen Überlieferung gesammelt hat. So zum Beispiel: »Der Allmächtige erweckt die Körper ebenso wie die Seelen am Epiphaniastage«[16] usw. Ein Pehlewi-Text, von Darmesteter bekanntgemacht, sagt: »Im Monat Fravardîn, am Tag Xurdhâth, wird der Herr Ormuzd die Wiederauferstehung und den ›zweiten Körper‹ haben, und die Welt wird der Ohnmacht mit den Dämonen, den Drugs, entgehen. Und es wird Überfluß in allem geben; man wird der Nahrung nicht mehr bedürfen; die Welt wird rein sein, und der Mensch wird vom Widersacher (dem bösen Geist) frei sein und unsterblich für immer.«[17] Quazwîmî wiederum sagt, am Tage des Naurôz habe Gott die Toten erweckt, »und er gab ihnen ihre Seelen wieder und gab dem Himmel seine Befehle, welcher Regen auf sie herabgoß; seither haben die Menschen den Brauch, an diesem Tage Wasser auszugießen«.[18] Die direkten Verbindungen zwischen den Vorstellungen von der Schöpfung durch Wasser (aquatische Kosmogonie; Sintflut, die das geschichtliche Leben periodisch erneuert; Regen), der Geburt und der Auferstehung werden durch folgenden Spruch aus dem *Talmud* bekräftigt: »Gott hat drei Schlüssel: einen für den Regen, einen für die Geburt, einen für die Auferstehung von den Toten.«[19]

Die symbolische Wiederholung der Schöpfung im Rahmen des Neujahrsfestes hat sich bis auf unsere Tage bei den Mandäern des Irak und Iran erhalten. Noch heute besäen die Tataren zu Anfang des Jahres einen mit Erde gefüllten Krug. Sie tun es, nach ihren Worten, in Erinnerung an die Schöpfung. Der Brauch, zur Zeit der Frühjahrsäquinoktien Körner zu säen (erinnern wir uns, daß in sehr zahlreichen Kulturen das Jahr im März begann), findet sich weit verbreitet und ist immer in Zusammenhang gebracht worden mit Ackerbauzeremonien.[20] Aber das Drama der Vegetation fügt sich dem Symbolismus der periodischen Wiedergeburt der Natur und des Menschen ein. Der Ackerbau ist nur eine Ebene, auf der sich die Symbolik der periodischen Wiedergeburt vollzieht. Und wenn die »Ackerbauversion« dieser Symbolik ungeheuer weite Verbreitung hat gewinnen können – dank ihres volkstümlichen und empirischen Charakters –, so kann man sie doch auf keinen Fall als das Prinzip und die Intention der komplexen Symbolik der periodischen Wiedergeburt betrachten. Diese Symbolik hat ihr Fundament in der Mondmystik; man kann sie also vom ethnographischen Standpunkt aus schon in den voragrarischen Gesellschaften feststellen. Das Primordiale und Wesentliche ist die Vorstellung der Wiedergeburt, also der Wiederholung der Schöpfung.

Die Sitte der persischen Tataren muß demnach in das iranische kosmisch-eschatologische System eingefügt werden, das sie bedingt und erklärt. Das *naurôz*, das persische Neue Jahr, ist zugleich das Fest Ahura-Mazdâhs (am »Tage Ormuzd« des ersten Monats gefeiert) und der Tag, an dem die Welt und der Mensch geschaffen wurden.[21] Am *naurôz*-Tag findet die »Erneuerung der Schöpfung« statt.[22] Nach der von Dimasqî vermittelten Überlieferung[23] sagte der König: »Dies ist ein neuer Tag eines neuen Monats eines neuen Jahres. Es muß erneuert werden, was die Zeit verbraucht hat.« An diesem Tage wird auch das Schicksal der Menschen für ein ganzes Jahr festgelegt.[24] In der *naurôz*-Nacht kann man unzählige Feuer und Lichter sehen[25], und man nimmt Reinigungen mit Wasser und Waschungen vor, um für das ganze kommende Jahr reichlichen Regen zu erwirken.[26] Anläßlich des »Großen *naurôz*« war es auch Brauch, daß jeder in einen Krug sieben Getreidesorten säte und »aus deren Wachsen Schlüsse auf die Ernte des Jahres zog«.[27] Diese Sitte entspricht der »Bestimmung der Lose« in Babylon am Neujahrstag, wie sie sich bis in unsere Zeit in den Neujahrszeremonien der Mandäer und der Jeziden erhalten hat.[28] Weil Neujahr den kosmogonischen Akt wiederholt, werden auch heute noch die zwölf Tage, die Weihnachten vom Epiphaniastag trennen, als Präfiguration der zwölf Monate des Jahres betrachtet. Die Bauern in ganz Europa stützen sich auf nichts anderes, wenn sie mit Hilfe meteorologischer Zeichen an diesen zwölf Tagen das Wetter und die Regenmenge für jeden Monat bestimmen.[29] Es muß kaum noch daran erinnert werden, daß man am Tabernakelfest die Menge des jedem Monat zukommenden Regens feststellte. Und die Inder der vedischen Zeit bezeichneten die zwölf Tage mitten im Winter als Bild und Abbild des Jahres (*Rig-Veda* IV, 33, 7).

Indessen, an einigen Orten und in einigen Epochen, besonders im Kalender des Darius, gibt es bei den Iranern noch einen andern Neujahrstag, *mihragân*, das Fest des Mithra, das in die Mitte des Sommers fiel. Als beide Feste in ein und demselben Kalender figurierten, wurde *mihragân* als eine Vorausnahme des Weltendes angesehen. Die persischen Theologen, so sagt Albîrunî, »betrachteten *mihragân* als ein Zeichen der Auferstehung und des Weltendes, denn während dieser *mihragân*-Zeit erreicht alles, was wächst, seine Vollendung und besitzt nicht mehr die zu weiterem Wachsen notwendige Substanz, und die Tiere betätigen sich nicht mehr sexuell. Auf analoge Weise machen die Perser aus *naurôz* ein Zeichen für den Anfang der Welt, weil der Gegensatz des Gesagten in der *naurôz*-Zeit sich vollzieht«.[30] Das Ende des abgelaufenen und der Beginn eines neuen Jahres werden in der durch Albîrunî vermittelten Überlieferung als eine Erschöpfung der biologischen Quellen auf allen kosmischen Ebenen betrachtet, als wahres Weltende. (Das »Weltende«, das heißt das Ende eines bestimmten geschichtlichen Zyklus, vollzieht sich nicht immer bei Gelegenheit einer Sintflut, sondern auch durch Feuer, Hitze usw. Eine bewundernswerte Vision apokalyptischer Art, in der ein trockener Sommer als Rückkehr ins Chaos betrachtet wird, findet sich in Jesaia 34,4, 9-11. Vgl. analoge Bilder in *Bahman-Yasht* II,41 und Laktanz, *Divinae Institutiones* VII, 16,6.[31])
G. Dumézil hat in seinem Werk *Le problème des centaures* das Szenarium vom Ende und Anfang des Jahres in einem großen Teil der indo-europäischen Welt untersucht (bei Slawen, Iranern, Indern, Griechen und Römern) und die Elemente der einweihenden Zeremonien beleuchtet, die durch Folklore und Mythologie in einer mehr oder weniger veränderten Form bewahrt worden sind. Aus der Untersuchung der Mythen und der Riten der Geheimgesellschaften und der germanischen »Männerbünde« hat Otto Höfler auf analoge Weise auf die Bedeutung der zwölf Zwischentage und besonders des Neuen Jahres geschlossen. Und Waldemar Liung-

man hat den Feuerriten des Jahresanfangs und den karnevalistischen Gebräuchen dieser zwölf Tage eine umfangreiche Untersuchung gewidmet, deren Richtung und Resultate wir übrigens nicht immer zu teilen vermögen. Erinnern wir auch an die Forschungen Otto Huths und J. Hertels, die – gestützt auf römische und vedische Fakten – besonders nachdrücklich ihre Themen von der Erneuerung der Welt durch die Wiederbelebung des Feuers während der Wintersonnenwende verfolgt haben, eine Erneuerung, die auch wieder einer neuen Schöpfung gleichkommt.[32] Für die Zwecke unserer vorliegenden Arbeit wollen wir nur einige charakteristische Züge festhalten: 1. Die zwölf Zwischentage stellen eine Präfiguration der zwölf Monate des Jahres dar (vgl. auch die oben erwähnten Riten). 2. Während der zwölf entsprechenden Nächte kommen die Toten in Prozession ihre Familie besuchen (Erscheinung des Pferdes, des Begräbnistieres *par excellence*, während der letzten Nacht des Jahres; Gegenwärtigkeit der chthonischen Begräbnis-Gottheiten Holda, Perchta, »Wildes Heer« usw. während der zwölf Nächte). Und oft vollzieht sich (bei den Germanen und den Japanern) dieser Besuch im Rahmen des Zeremonials der geheimen Männerbünde.[33] 3. Zu dieser Zeit werden die Feuer gelöscht und wieder angezündet.[34] Und schließlich 4. ist es gleichfalls der Zeitpunkt der Einweihungen, Initiationen, zu deren wesentlichen Elementen Löschen und Neuentzünden des Feuers zweifellos zählen.[35] In diesem selben mythisch-zeremoniellen Ensemble vom Ende des abgelaufenen und vom Beginn des Neuen Jahres müssen wir für folgendes noch einen Platz freihalten: 5. rituelle Kämpfe zwischen zwei feindlichen Gruppen (vgl. oben) und 6. Gegenwärtigkeit des erotischen Elements (Verfolgung der jungen Mädchen, »gandharvische« Hochzeiten, Orgien; vgl. oben).

Jedes dieser mythisch-rituellen Themen bezeugt den gänzlich außergewöhnlichen Charakter der Tage, die dem ersten Tag des Neuen Jahres vorausgehen und folgen, mag auch die eschato-kosmologische Funktion des Neuen Jahres (Vernichtung der abgelaufenen Zeit und Wiederholung der Schöpfung) nicht ausdrücklich erklärt sein, außer in den Riten der Präfiguration der Monate und im Löschen und Wiederentzünden des Feuers. Man kann indessen diese Funktion als mitenthalten in jedem der anderen mythisch-rituellen Themen annehmen. Wie sollte z. B. die Invasion durch die Seelen der Toten etwas anderes bedeuten als die Aufhebung der profanen Zeit, die paradoxe Verwirklichung eines Zusammenbestehens von »Vergangenheit« und »Gegenwart«? Nie ist diese Koexistenz so total wie während einer Zeit des »Chaos«, wenn alle Seinsweisen zusammenfallen. Sowohl wegen der Invasion durch die Toten, die das Naturgesetz der Zeit durchbricht, wie auch wegen der sexuellen Ausschweifungen, die für gewöhnlich diese Gelegenheit markieren, können die letzten Tage des ablaufenden Jahres dem Chaos vor der Schöpfung verglichen werden. In der Folge der sich wiederholenden Kalenderreformen fallen die Saturnalien nicht immer mit dem Ende und dem Beginn des Jahres zusammen; trotzdem hören sie nicht auf, die Vernichtung aller Normen zu bedeuten und nachdrücklich einen Umsturz der Werte zu illustrieren (Wechsel der Bedingungen zwischen Herren und Sklaven, Behandlung der Frauen als Kurtisanen usw.) und eine allgemeine Entfesselung, eine orgiastische Verhaltensweise für die Gesellschaft. Mit einem Wort also, eine Rücknahme aller Formen in die undeterminierte Einheit. Selbst der Ort der Orgien, bei den primitiven Völkern vorzugsweise während der kritischen Momente der Ernte (wenn die Saat dem Boden anvertraut wurde), bestätigt diese Symmetrie zwischen der Auflösung der »Form« (hier: des Samens) in der Erde und der Auflösung der »sozialen Formen« im orgiastischen Chaos.[36] Sowohl auf der Ebene der Vegetation als auch auf der menschlichen nehmen wir teil an einer Rückkehr in die primordiale Einheit, an der Einsetzung eines »nächtlichen« Regimes, in welchem die Grenzen, Profile, Abstände ununterscheidbar geworden sind.

Auch die rituelle Löschung des Feuers verrät dieselbe Tendenz, den schon existierenden (und durch ihre eigene Dauer abgenutzten) »Formen« ein Ende zu bereiten, damit eine neue Form, einer neuen Schöpfung entsprossen, geboren werden kann. Die rituellen Kämpfe zwischen zwei Gruppen von Figuranten reaktualisieren den kosmogonischen Augenblick des Kampfes zwischen dem Gott und dem primordialen Drachen (die Schlange symbolisiert fast überall das, was noch latent ist, undifferenziert, ungestaltet). Das Zusammenfallen der Initiationen – bei denen das Anzünden des »neuen Feuers« eine besonders wichtige Rolle spielt – mit der Zeit um den Beginn des Neuen Jahres erklärt sich schließlich ebensowohl durch die Gegenwärtigkeit der Toten (die geheimen und eingeweihten Gesellschaften sind ja gerade die Vertreter der Ahnen) wie auch durch die eigene Struktur dieser Zeremonien, die immer einen »Tod« und eine »Auferstehung«, eine »neue Geburt« und einen »neuen Menschen« annehmen. Man könnte für die Initiationsriten keinen gemäßeren Rahmen finden als die zwölf Nächte, in denen das ablaufende Jahr verschwindet, um einem neuen Jahr, einer neuen Ära Platz zu machen: einer Zeit also, in der durch die Reaktualisierung der Schöpfung die Welt in der Tat beginnt.

Dieses mythisch-rituelle Szenarium des Neuen Jahres, das bei fast allen indo-europäischen Völkern bezeugt ist, mit seinem ganzen Gefolge von karnevalistischen Masken, mit den Totentieren, den Geheimgesellschaften usw., ist ohne Zweifel bereits in der Zeit der indo-europäischen Gemeinschaft in großen Linien entworfen worden. Aber diese Entwürfe selbst – oder doch zumindest die Einzelzüge, die wir im vorliegenden Versuch belegt haben – können doch nicht als eine ausschließlich indo-europäische Schöpfung angesehen werden. Schon lange Jahrhunderte vor dem Erscheinen der Indoeuropäer war das mythisch-rituelle Ensemble des Neuen Jahres als solches wie auch als Wiederholung der Schöpfung den Sumero-Akkadern bekannt, und wir finden wichtige Elemente davon auch bei den Ägyptern und den Juden. Da uns die Entstehung der mythisch-rituellen Formen hier nicht interessiert, können wir uns mit der bequemen Hypothese zufriedengeben, daß diese beiden Völkergruppen (Völker des Nahen Orients und Indoeuropäer) sie schon in ihren prähistorischen Zeiten besaßen. Diese Hypothese wird übrigens plausibel gemacht durch die Erhellung eines analogen Systems in einer weit außerhalb angesiedelten Kultur: bei den Japanern. Slawik hat die Übereinstimmung zwischen den japanischen und germanischen geheimen Organisationen untersucht und eine eindrucksvolle Anzahl paralleler Erscheinungen hervorgehoben.[37] In Japan wie bei den Germanen (und anderen indo-europäischen Völkern) wird die letzte Nacht des Jahres bezeichnet durch die Erscheinung der Totentiere (Pferde usw.), der chthonischen Grabgötter und -göttinnen. Dann finden auch die Maskenumzüge der Geheimbünde der Männer statt, die Toten besuchen die Lebenden, und die Initiationen werden gefeiert. Solche Geheimbünde sind in Japan sehr alt[38], und eine Beeinflussung vom semitischen Orient oder den Indoeuropäern scheint ausgeschlossen zu sein, wenigstens nach dem heutigen Stand unseres Wissens. Alles, was man sagen kann, ist – wie Slawik vorsichtig zu bedenken gibt –, daß sowohl im Westen wie im Osten Eurasiens der Kultkomplex des Besuchers (Seelen der Toten, Götter usw.) vor der geschichtlichen Epoche sich ausgebildet hat. Das aber wäre eine weitere Bestätigung des archaischen Charakters der Neujahrszeremonien.

Die japanische Überlieferung hat indessen auch die Erinnerung an eine andere Vorstellung im Zusammenhang mit den Jahresende-Zeremonien bewahrt; man könnte sie eine Konzeption psycho-physischer Mystik nennen. A. Slawik benutzt die Forschungsergebnisse des japanischen Ethnographen Masao Oka[39] und fügt die Zeremonien der Geheimbünde in den von ihm so benannten *tama*-Komplex ein. Dieses *tama* ist eine »geistige Substanz«, die sich im Menschen findet, in den Seelen der Toten und den »heiligen Männern«, und die während des Übergangs vom Winter zum Frühling sich regt und den Körper zu verlassen sucht, während sie die Toten zu den Wohnungen der Lebenden treibt (Kultkomplex des »Besuchers«). Um das *tama* am Verlassen des Körpers zu hindern, werden nach Slawiks Interpretation[40] Feste gefeiert, die bestimmt sind, diese geistige Substanz zu fixieren. Es ist wahrscheinlich, daß einer der Zwecke der Zeremonien, die am Ende und Beginn des Jahres stattfinden, ebenfalls die »Fixierung« des *tama* ist. Aber von dieser japanischen psycho-physischen Mystik wollen wir vor allem den Sinn der jährlichen Krise festhalten; die Tendenz des *tama*, sich zu regen und seinen normalen Zustand während des Übergangs des Winters zum Frühling zu verlassen (also während der letzten Tage des ablaufenden und der ersten des beginnenden Jahres), ist ganz einfach eine elementare physiologische Formel für die Rücknahme ins Ungestaltete, für die Reaktualisierung des »Chaos«. In dieser jährlichen Krise des *tama* ahnt die Erfahrung des Primitiven ein Zeichen der unausweichlichen Verwirrung, die einer geschichtlichen Epoche ein Ende setzen muß, um Erneuerung und Wiedergeburt zu ermöglichen, also die Geschichte wieder an ihrem Anfang zu beginnen.

Fügen wir noch die Gruppe periodischer Zeremonien bei den kalifornischen Stämmen der Karok, Yurok und Hupa an, die uns unter dem Namen *»New Year«*, *»world's restoration«* oder *»repair«* (*»fixing«*) bekannt sind. Die Einsetzung der Riten wird den mythischen und unsterblichen Wesen zugeschrieben, die vor den Menschen die Erde bewohnten. Diese unsterblichen Wesen hatten als erste die Zeremonien der *»world's renewal«* vollzogen, und zwar genau an den Orten, an denen auch die heutigen Sterblichen sie vollziehen. »Die esoterische Magie und der eingestandene Zweck der wesentlichen Zeremonien des Systems«, schreibt Kroeber, »erstrekken sich auf die Wiederherstellung oder Erstarkung der Erde, kultische Handlungen im Zusammenhang mit der Erstfrucht, Erneuerung des Feuers, Abwehr von Krankheit und Unglück für weitere ein oder zwei Jahre.« Also haben wir es auch in diesem Fall mit einer jährlichen Wiederholung der kosmogonischen Zeremonie zu tun, die *in illo tempore* durch unsterbliche Wesen eingesetzt worden ist. Denn unter den Handlungen, die man vollzieht, ist eine der wichtigsten diejenige, die von den Eingeborenen *»putting posts under the world«* genannt wird; und die Zeremonie fällt zusammen mit der letzten dunklen Nacht und dem Erscheinen des Neumonds, was die Wiedererschaffung der Welt impliziert. Die Tatsache, daß der Neujahrsritus zugleich den Bann aufhebt, der über der neuen Ernte lag, bestätigt nur, daß es sich wirklich um einen neuen Anfang allen Lebens handelt.[41]

Es ist aufschlußreich, im Zusammenhang mit *»world's restoration«* an die Ideologie zu erinnern, die dem zugrunde liegt, was man *»Ghost-Dance religion«* genannt hat; diese mystische Bewegung, die gegen Ende des neunzehnten Jahrhunderts die nordamerikanischen Stämme in Aufregung gebracht hat, prophezeite die Nähe der universellen Wiedergeburt, das heißt die unmittelbare Nähe des Weltendes, dem die Wiedererrichtung einer paradiesischen Erde folgen würde. Die *»Ghost-Dance religion«* ist zu komplex, als daß sie sich in wenigen Zeilen erschöpfend erörtern ließe; für unsere Zwecke genügt es zu sagen, daß sie sich bemühte, das »Ende der Welt« durch eine massive und kollektive Kommunikation mit den Toten zu beschleunigen, wozu man in der Folge von Tänzen gelangte, die vier oder fünf aufeinanderfolgende Tage andauerten. Die Toten fielen auf der Erde ein, nahmen Verbindung auf mit den Lebenden und schufen auf diese Weise eine »Verwirrung«, in der sich der Abschluß des aktuellen kosmischen Zyklus ankündigte. Da aber die mythischen Visionen des »Anfangs« und des »Endes« homolog sind, weil die Eschatologie zumindest unter gewissen Aspekten sich wieder der Kosmogonie verbindet, reaktualisiert das *eschaton* der *»Ghost-Dance religion«* das mythische *illud tempus* des Paradieses, der primordialen Fülle.[42]

3. Fortdauernde Erneuerung der Zeit

Wir brauchen uns von der Verschiedenartigkeit des Materials, das wir bisher betrachtet haben, nicht beeindrucken zu lassen. Unsere Absicht kann es nicht sein, aus einer flüchtigen Darlegung irgendeine historisch-ethnographische Folgerung zu ziehen. Es war uns einzig daran gelegen, eine summarische Analyse phänomenologischer Art der periodischen Reinigungsriten (Austreibung der Dämonen, Krankheiten und Sünden) und derjenigen Zeremonien zu geben, die am Ende und Anfang des Jahres stattfinden. Daß es im Innern jeder einzelnen Gruppe von analogen Vorstellungen noch Verschiedenheiten, Nuancen und Unvereinbarkeiten gibt und daß außerdem der Ursprung und die Verbreitung der Zeremonien eine Menge von Problemen aufwerfen, die noch nicht genügend untersucht worden sind – das alles geben wir als erste zu. Und deshalb haben wir auch jede soziologische oder ethnographische Interpretation vermieden und uns damit zufriedengegeben, einfach den allgemeinen Sinn darzulegen, den alle diese Zeremonien deutlich machen. Schließlich geht unser Ehrgeiz darauf, ihren *Sinn* zu verstehen, zu *sehen*, was sie uns *zeigen*. Und es mag einer späteren Arbeit vorbehalten bleiben, die einzelnen mythisch-rituellen Zeremonien – genetisch oder historisch – näher zu untersuchen.

Es versteht sich von selbst, und wir sind versucht zu schreiben, es müsse so sein, daß es beträchtliche Verschiedenheiten zwischen den einzelnen Gruppen der periodischen Zeremonien gibt; und sei es nur aus dem einfachen Grund, daß wir es sowohl mit »geschichtlichen« als auch mit »ungeschichtlichen« Völkern oder Volksschichten zu tun haben, die man im allgemeinen »zivilisiert« bzw. »primitiv« nennt. Es ist äußerst bemerkenswert, daß die Neujahrsbräuche, bei denen man die Schöpfung wiederholt, sich besonders ausgeprägt bei den geschichtlichen Völkern finden, mit denen – streng genommen – die Geschichte erst beginnt, also bei den Babyloniern, Ägyptern, Juden und Persern. Man könnte fast sagen, diese Völker seien sich bewußt gewesen, daß sie den Grundstein legten zum *Bau* der »Geschichte« und daß sie deshalb ihre eigenen Handlungen genau aufgezeichnet haben zum Gebrauch ihrer Nachfolger (allerdings, wie wir gesehen haben, nicht ohne in den Kategorien und Archetypen unvermeidliche Abwandlungen vorzunehmen). Diese selben Völker scheinen besonders tief das Bedürfnis gefühlt zu haben, sich periodisch zu erneuern, indem sie die abgelaufene Zeit vernichteten und die Kosmogonie reaktualisierten.

Was nun die »primitiven« Gesellschaften angeht, so ist folgendes zu bemerken: sie leben noch im Paradies der Archetypen, und für sie gibt es die Zeit nur biologisch, ohne daß sie sich in »Geschichte« verwandeln könnte, das heißt, ohne daß ihre ätzende Tätigkeit durch die Offenbarung der Unumstößlichkeit der Ereignisse auf das Bewußtsein wirken könnte. Diese primitiven Gesellschaften also erneuern sich durch die Vertreibung der »Übel« und das Bekenntnis der Sünden. Das Bedürfnis nach Erneuerung, das auch diese Gemeinschaften spüren, ist ein Beweis, daß auch sie sich nicht mehr ununterbrochen in dem von uns so genannten »Paradies der Archetypen« halten können und daß ihr Gedächtnis dazu gelangt (wenn natürlich auch weit weniger intensiv als das eines modernen Menschen), ebenfalls die Unumstößlichkeit der Ereignisse festzustellen, also die »Geschichte« zu registrieren. So betrachten auch diese primitiven Völker die Existenz des Menschen im Kosmos als einen Fall. Die ungeheure und monotone Morphologie des Sündenbekenntnisses, die R. Pettazzoni in *La confessione dei peccati* meisterhaft beleuchtet hat, zeigt uns, daß selbst in den allereinfachsten menschlichen Gesellschaften das »historische« Gedächtnis – d.h. die Erinnerung an Ereignisse, die sich nicht von einem Archetypus herleiten lassen, also »persönliche« Ereignisse, zumeist Sünden – unerträglich ist. Wir wissen, daß am Ursprung des Sündenbekenntnisses eine magische Vorstellung zu finden ist, nach der die Elimination des Fehltritts durch ein körperliches Mittel vorgenommen werden kann (durch Blut, Wort usw.). Aber nicht der Vorgang des Bekenntnisses an sich interessiert uns – seine Struktur ist magischer Art –, sondern das Bedürfnis des Menschen, sich von der Erinnerung an die »Sünde« zu befreien, also von einer Folge von »persönlichen« Ereignissen, deren Gesamtheit die »Geschichte« bildet.

Wir bemerken so die unvergleichliche Wichtigkeit, die bei den Geschichte schaffenden Völkern der kollektiven Regeneration durch die Wiederholung des kosmogonischen Aktes zukommt. Wir könnten hier daran erinnern, daß – gewiß aus verschiedenen Gründen, aber zum Teil doch auch wegen der metaphysischen und ungeschichtlichen Struktur ihres Geistes – die Inder niemals kosmogonische Neujahrsbräuche entwikkelt haben, die in ihren Ausmaßen so mächtig wären wie diejenigen, die uns im alten Vorderen Orient begegnen. Wir könnten an dieser Stelle auch darauf hinweisen, daß ein beispielhaft geschichtliches Volk, die Römer nämlich, unaufhörlich von dem Gedanken an das »Ende Roms« besessen war und unzählige Systeme der *renovatio* gesucht hat. Aber wir möchten für den Augenblick den Leser nicht auf diesen Weg schicken. Geben wir uns also damit zufrieden zu erwähnen, daß außer diesen periodischen Zeremonien der Vernichtung der »Geschichte« die traditionellen Gesellschaften (das heißt alle Gesellschaften bis auf jene, aus denen die »moderne« Welt besteht) auch noch andere Methoden kennen und anwenden, durch die ihnen die Erneuerung der Zeit zuteil wird.

Wir haben an anderem Ort gezeigt[43], daß auch die Konstruktionsriten mehr oder weniger deutlich die Nachahmung des kosmogonischen Aktes andeuten. Für den traditionsgebundenen Menschen ist die Nachahmung eines archetypischen Aktes zugleich die Reaktualisierung des mythischen Augenblicks, in dem der Archetypus zum ersten Male offenbart worden ist. Folglich heben auch diese Zeremonien, die weder kollektiv noch periodisch sind, den Ablauf der profanen Zeit, die Dauer, auf und versetzen den Menschen, der sie vollzieht, in eine mythische Zeit, *in illud tempus*. Wir haben gesehen, daß alle Riten einen göttlichen Archetypus nachahmen und daß ihre fortwährende Wiederholung in ein und demselben außerzeitlichen mythischen Augenblick vor sich geht. Die Konstruktionsriten enthüllen uns aber noch etwas anderes: die Nachahmung, also die Reaktualisierung, der Kosmogonie. Eine »neue Ära« eröffnet sich mit dem Bau eines jeden Hauses. Jeder Bau ist ein *absoluter Anfang*, tendiert also zur Wiederherstellung des anfänglichen Augenblicks, der Fülle einer Gegenwart, die keine Spur von »Geschichte« enthält. Wohlverstanden, die Konstruktionsriten, denen man in unseren Tagen begegnet, sind nur Überbleibsel, und es ist schwierig zu präzisieren, in welchem Maße ihnen eine Erfahrung im Bewußtsein derjenigen entspricht, die sie vornehmen. Aber dieser rationalistische Einwurf ist unwichtig. Allein wichtig ist, daß der Mensch das Bedürfnis gefühlt hat, die Kosmogonie in allen seinen Bauten jeder Größe zu wiederholen; daß diese Wiederholung ihn zum Zeitgenossen des mythischen Augenblicks des Weltanfangs machte und daß er sich gedrängt fühlte, so oft wie möglich zu diesem mythischen Augenblick zurückzukehren, um sich zu erneuern. Es würde recht viel Scharfsinn dazu gehören, wollte jemand feststellen, in welchem Maße diejenigen, die in unserer modernen Welt noch die Konstruktionsriten vornehmen, auch nur um ihre Bedeutung wissen und an ihrem Geheimnis teilnehmen. Zweifellos sind ihre Gefühle zumeist profaner Natur: die »neue Ära«, die durch einen Neubau bezeichnet wird, bedeutet für sie einen »neuen Lebensabschnitt« für diejenigen, die darin wohnen sollen. Aber die Struktur des Mythos und des Ritus bleibt nichtsdestoweniger unverändert, auch wenn die durch ihre Aktualisierung hervorgerufenen Gefühle einen profanen Charakter zeigen: ein Bauwerk ist eine neue Organisation der Welt und des Lebens. Ein moderner Mensch von einiger Aufgeschlossenheit für das Wunder des Lebens müßte die Erfahrung der *renovatio* erleben, wenn er eine neue Wohnung baut oder wenn er sie betritt (genau wie ja auch das

Neujahrsfest in der modernen Welt noch als das Ende einer Vergangenheit und der Beginn eines »neuen Lebens« angesehen wird). In zahlreichen Fällen sind die Dokumente, über die wir verfügen, ausreichend deutlich: die Erbauung eines Heiligtums oder eines Opferaltars wiederholt die Kosmogonie, und das nicht allein, weil das Heiligtum die Welt darstellt, sondern auch, weil es die verschiedenen Zeitzyklen verkörpert. So berichtet Flavius Josephus[44] von der überlieferten Symbolik des Tempels zu Jerusalem folgendes: Die drei Teile des Heiligtums entsprechen den drei kosmischen Regionen (der Hof stellt das Meer dar, also die unteren Gebiete, das Heilige Haus die Erde, und das Allerheiligste den Himmel). Die zwölf Schnitte auf dem Tisch sind die zwölf Monate des Jahres. Der Leuchter mit den siebzig Armen repräsentiert die Dekane (das heißt die Tierkreisunterstellung der sieben Planeten in Zehnern). Als man den Tempel erbaute, erstellte man nicht nur die Welt, sondern auch die kosmische Zeit.

Die Erstellung der kosmischen Zeit durch die Wiederholung der Kosmogonie wird noch deutlicher in der Symbolik des brahmanischen Opfers. Jedes brahmanische Opfer markiert eine neue Schöpfung der Welt (vgl. z.B. *Shatapatha-Brâhmana* VI, 5, 1 ff.). Tatsächlich wird die Erbauung des Opferaltars als eine »Erschaffung der Welt« aufgefaßt. Das Wasser, mit dem man den Lehm vermengt, ist das primordiale Wasser; der Lehm, der als Untergrund des Altars dient, ist die Erde; die Seitenflügel stellen die Atmosphäre dar, usw. Darüber hinaus wird jede Etappe des Altarbaues von Strophen begleitet, in denen diejenige kosmische Region, die soeben erschaffen worden ist, bestimmt wird (ebd. I, 9, 2; VI, 5, 1 f.; 7, 2, 12; 7, 3, 1; 7, 3, 9). Aber wenn die Errichtung des Altars auch den kosmogonischen Akt wiederholt, so hat das eigentliche Opfer doch einen andern Zweck: die primordiale Einheit wiederherzustellen, die vor der Schöpfung war. Denn Prajâpati schuf den Kosmos aus seiner eigenen Substanz; als er einmal ausgeleert war von dieser, »fürchtete er sich vor dem Tod« (ebd. x, 4,2,2), und die Götter brachten ihm Opfergaben, damit er sich wiederherstelle und kräftige. Wer heute das Opfer vollzieht, wiederholt auf ganz analoge Weise diese primordiale Wiederherstellung Prajâpatis. »Wer das verstanden hat und ein gutes Werk tut oder sich auch nur damit zufriedengibt zu begreifen (ohne einen Ritus zu vollziehen), stellt die Gottheit wieder her, die in Stücke zerfallen war, (und macht sie wieder) ganz und vollständig« (ebd. x, 4,3,24 usw.). Die bewußte Bemühung des Opfernden, die primordiale Ganzheit wiederherzustellen, also das *Ganze*, das der Schöpfung voraufging, ist ein sehr wesentlicher Charakterzug des indischen Geistes, der nach der primordialen Einheit dürstet. Aber wir dürfen uns hiermit nicht aufhalten. Es muß uns genügen, festgestellt zu haben, daß der Brahmane bei jedem Opfer den kosmogonischen Akt wiederholt und daß dies Zusammenfallen des »mythischen Augenblicks« mit dem »aktuellen Augenblick« sowohl die Vernichtung der profanen Zeit als auch die andauernde Erneuerung der Welt andeutet.

In der Tat, wenn »Prajâpati das Jahr ist« (*Aitareya-Brâhmana* VII, 7,2 usw.), »ist das Jahr der Tod. Wer das weiß, den berührt der Tod nicht« (*Shatapatha-Brâhmana* x, 4,3,1). Der vedische Tempel ist, wie es Paul Mus glücklich formuliert: die materialisierte Zeit. »Der Altar des Feuers ist das Jahr ... Die Nächte sind seine Einschließungssteine, und es sind 360, weil das Jahr 360 Nächte hat; die Tage sind die *yajusmatî*-Steine, und davon gibt es 360, denn es gibt 360 Tage im Jahr« (ebd. x, 5,4,10). Zu einem gewissen Zeitpunkt des Altarbaus setzt man zwei Steine, die man »Jahreszeiten« (*rtavyâ*) nennt, und der Text sagt dazu: »Warum setzt man diese beiden Steine? Weil dieser Agni (dieser Feueraltar) das Jahr ist ... Dieser Feueraltar ist Prajâpati, und Prajâpati ist das Jahr« (ebd. VIII, 2,1,17-18). Indem man durch den vedischen Altar Prajâpati wiederherstellt, erschafft man auch wieder die kosmische Zeit. »Der Feueraltar hat fünf Schichten ... (jede Schicht ist eine Jahreszeit), die fünf Jahreszeiten

bilden ein Jahr, und Agni (= der Altar) ist das Jahr ... Denn dieser Prajâpati, der in Stücke zerbrochen war, ist das Jahr, und die fünf Teile seines zerstückelten Körpers sind die Jahreszeiten. Fünf Jahreszeiten, fünf Schichten. Wenn man die Schichten stapelt, baut man mit den Jahreszeiten Prajâpati auf ... Denn diese fünf Teile seines Körpers ... die die Jahreszeiten sind, sind ebenso auch die fünf Himmelsrichtungen; fünf Himmelsrichtungen, fünf Schichten, und mit diesen Himmelsrichtungen erbaut man Prajâpati, der das Jahr ist« (ebd. VI, 8, 1, 15; 1, 2, 18 f.).[45] So wiederholt man mit dem Bau eines jeden vedischen Altars nicht nur die Kosmogonie und belebt Prajâpati wieder, sondern man baut auch das »Jahr«, also man regeneriert die Zeit, indem man sie von neuem »erschafft«.
Der englische Anthropologe A. M. Hocart hat in einer brillanten und umstrittenen Arbeit, *Kingship*, die Zeremonien der Königseinsetzung bei mehreren zivilisierten und »primitiven« Völkern untersucht, indem er sie mit den Einweihungsriten verglich (die er als Ableitungen vom Szenario der Königsriten ansieht). Daß die Initiation eine »neue Geburt« ist, die rituellen Tod und rituelle Auferstehung einschließt, wußte man schon seit langem. Aber Hocarts Verdienst ist es, die Initiationselemente mit den Krönungszeremonien identifiziert zu haben, wodurch er einleuchtende Annäherungen zwischen mehreren Ritengruppen aufzeigt. Man wird mit Interesse festhalten, daß bei den Fidschi im Gebiet der Viti-Levu-Berge die Einsetzung des Häuptlings »Erschaffung der Welt« genannt wird, während sie bei den Stämmen östlich von Vanua Levu *mbuli vanua* oder *tuli vanua* heißt; Hocart übersetzt diese Begriffe mit »*fashioning the land*« oder »die Erde erschaffend«.[46] Das vorhergehende Kapitel hat uns gezeigt, daß für die Skandinavier die Inbesitznahme eines Landes einer Wiederholung der Schöpfung gleichkommt. Für die Fidschi-Eingeborenen findet die »Schöpfung« bei der Einsetzung jedes neuen Häuptlings statt; diese Vorstellung hat sich übrigens in mehr oder weniger sichtbaren Formen auch in anderen Gegenden erhalten. Fast überall wurde eine

neue Regierung als Regeneration der Volks- oder auch der Weltgeschichte betrachtet. Mit jedem neuen Herrscher, so unbedeutend er auch sein mochte, begann eine »neue Ära«. Man hat in solchen Formeln Lobhudeleien oder Stilkünsteleien erblicken wollen. Tatsächlich aber erscheinen uns diese Formeln nur darum so außergewöhnlich, weil sie uns mit einer gewissen Feierlichkeit überliefert worden sind. Für die Vorstellung des Primitiven beginnt eine »neue Ära« nicht allein mit jeder neuen Regierung, sondern auch mit der Vollziehung einer Heirat, der Geburt eines jeden Kindes usw. Denn der Kosmos und der Mensch werden unaufhörlich und auf viele Weisen regeneriert, die Vergangenheit wird aufgehoben, die Übel und die Sünden werden ausgemerzt usw. Verschiedenartig in ihren Formulierungen, tendieren alle diese Hilfsmittel der Regeneration doch zum selben Ziel: sie wollen die abgelaufene Zeit annullieren, die Geschichte vernichten durch andauernde Rückkehr *in illud tempus*, durch die Wiederholung des kosmogonischen Aktes.

Aber um auf die Fidschi zurückzukommen: diese wiederholen die Schöpfung nicht nur anläßlich jeder Krönung, sondern auch immer dann, wenn die Ernten schlecht sind. Diese Einzelheit, auf die Hocart nicht weiter eingeht, da sie seine Hypothese von den »rituellen Ursprüngen« des kosmogonischen Mythos nicht unterstützt, erscheint uns recht bedeutsam. Jedesmal, wenn das Leben bedroht und der Kosmos in den Augen der Fidschi erschöpft und leer ist, fühlen sie das Bedürfnis, *in principium* zurückzukehren; mit anderen Worten, sie erwarten die Regeneration des kosmischen Lebens nicht von einer *Wiederherstellung*, sondern von einer *Neuerschaffung* dieses Lebens. Daher kommt die in allen Riten und Mythen zu beobachtende wesentliche Bedeutung all dessen, was den »Anfang«, das Ursprüngliche, das Primordiale bezeichnen kann (neue Behälter und »vor Tagesanbruch geschöpftes Wasser« in volkstümlicher Magie und Heilkunst, die Themen des »Kindes« und des »Waisenkindes« usw.).[47]

Diese Vorstellung, daß sich das Leben nicht *wiederherstellen*, sondern nur *wiedererschaffen* läßt durch die Wiederholung der Kosmogonie, wird sehr deutlich in den Heilungsriten. In der Tat schließt die Heilung bei einer Anzahl primitiver Völker als wesentliches Element die Rezitation des kosmogonischen Mythos ein. Das ist z. B. bei noch völlig archaischen Stämmen Indiens bezeugt, den Bhil, den Santali, den Baiga.[48] Durch die Aktualisierung der kosmischen Schöpfung, die ja exemplarisches Modell für alles »Leben« ist, will man die körperliche Gesundheit und die geistige Integrität des Kranken wiederherstellen. Bei den obengenannten Stämmen rezitiert man den kosmogonischen Mythos auch anläßlich der Geburt, der Heirat und des Todes; denn immer will man durch die symbolische Rückkehr in den außerzeitlichen Augenblick der primordialen Fülle die vollkommene Verwirklichung jeder dieser »Situationen« erlangen.

Bei den Polynesiern ist die Zahl der »Situationen«, bei denen die Rezitierung des kosmogonischen Mythos wirksam ist, noch größer. Nach dem Mythos gab es anfänglich nur die primordialen Wasser, die in kosmische Finsternisse gehüllt waren. Aus der »Unendlichkeit des Raumes«, in der er sich befand, sprach Io, der höchste Gott, den Wunsch aus, seine Ruhe zu verlassen. Unverzüglich erschien das Licht. Dann sagte er: »Die Wasser sollen sich scheiden, die Himmel sollen sich bilden, und die Erde soll werden!« Auf diese Weise, durch die kosmischen Worte Ios, wurde die Welt. Ein Polynesier unserer Zeit, Hare Hongi, erinnert an diese *»ancient and original sayings ... the ancient and original cosmological wisdom (wananga), which caused growth from the void, etc.«* und setzt in linkischer Beredsamkeit hinzu: »Meine Freunde, es gibt drei sehr wichtige Anwendungsweisen für diese alten Formeln, wie man sie in unseren heiligen Riten findet. Die erste beim Ritus, der zur Befruchtung einer sterilen Gebärmutter angewandt wird; die zweite beim Ritus zur Erhellung von Körper und Geist; die dritte und letzte betrifft die feierliche Angelegenheit des Todes, des Krieges, der Taufe, genealogische Berichte und andere, ebenso wichtige Gegenstände, mit denen besonders die Priester zu schaffen haben. Die Worte, mit deren Hilfe Io das Weltall schuf – das heißt, mit deren Hilfe es geboren und dazu gebracht wurde, eine Welt des Lichts zu zeugen –, diese selben Worte werden zur Befruchtung einer sterilen Gebärmutter angewandt. Die Worte, mit denen Io das Licht in den Finsternissen glänzen ließ, werden in den Riten angewandt, mit denen man ein finsteres und niedergeschlagenes Herz erfreuen will, die Kraftlosigkeit und Altersschwäche beheben, wenn man Licht über verborgene Dinge und Orte verbreiten, wenn man diejenigen entflammen will, die Lieder komponieren; auch in den Wechselfällen des Krieges und in vielen andern Lagen, durch die der Mensch zur Verzweiflung getrieben wird. In allen diesen Fällen wiederholt dieser Ritus, dessen Sinn es ist, Licht und Freude zu verbreiten, die Worte, deren Io sich bediente, um die Finsternisse zu besiegen und zu zerstreuen. An dritter Stelle kommt der vorbereitende Ritus, der sich auf die einander folgenden Gestaltungen bezieht, die im Innern des Weltalls und der Abstammungsgeschichte des Menschen selbst stattfinden.«[49]

Der kosmogonische Mythos dient den Polynesiern so als archetypisches Modell für alle »Schöpfungen«, auf welcher Ebene diese sich auch vollziehen mögen: biologisch, seelisch, geistig. Indem man den Bericht von der Geburt der Welt hört, wird man Zeitgenosse des *par excellence* schöpferischen Aktes, der Kosmogonie. Es ist bedeutungsvoll, daß bei den Navaho der kosmogonische Mythos vor allen Dingen bei Krankenheilungen erzählt wird. »Alle Zeremonien konzentrieren sich auf einen Patienten, Hatrali (einer, über dem gesungen wird), der physisch oder auch nur psychisch erkrankt sein mag – etwa durch einen Traum verfolgt und geängstigt – oder der eine solche Zeremonie kennenlernen muß im Rahmen einer Ausbildung, die ihn wiederum befähigen soll, diese Zeremonie an einem anderen durchzuführen. Denn kein Medizinmann kann eine Heilungszeremonie durchführen, wenn eine solche nicht zuvor an ihm vollzogen

wurde.«[50] Die Zeremonie schließt gleicherweise die Ausführung komplexer Zeichnungen in den Sand ein (*sand-paintings*), die symbolisch die verschiedenen Etappen der Schöpfung und der mythischen Geschichte der Götter, Ahnen und der Menschheit darstellen. Diese Zeichnungen, die den indo-tibetanischen *mandalas* merkwürdig ähneln, reaktualisieren nacheinander die Geschehnisse, die *in illo tempore* vor sich gingen. Indem der Kranke der Rezitierung des kosmogonischen Mythos lauscht (dem die Rezitation der Ursprungsmythen folgt) und indem er die *sand-paintings* betrachtet, wird er aus der profanen Zeit herausgenommen und in die Fülle der primordialen Zeit versetzt: er ist »rückwärts gegangen« bis zur Entstehung der Welt und nimmt so an der Kosmogonie teil. Sehr häufig nimmt der Kranke noch ein Bad am selben Tag, an dem die Rezitierung des Mythos oder die Ausführung der *sand-paintings* beginnt. In der Tat *wiederbeginnt* er sein Leben im eigentlichen Sinne des Wortes.
Bei den Navaho wie bei den Polynesiern folgt auf den kosmogonischen Mythos die Rezitation der *Ursprungsmythen*, in denen die mythische Geschichte aller »Anfänge« enthalten ist: die Erschaffung des Menschen, der Tiere und Pflanzen, der Ursprung der überlieferten Einrichtungen und der Kultur usw. Auf diese Weise durchläuft der Kranke die mythische Geschichte der Welt, der Schöpfung bis zu jenem Augenblick, an dem der Bericht, den man soeben rezitiert, offenbart worden ist. Dies ist von großer Wichtigkeit, wenn man die »primitive« und überlieferte Heilkunst begreifen will. Im Alten Orient wie auch in allen »volkstümlichen« Überlieferungen der Heilkunst in Europa oder anderswo wird eine Arznei erst dann wirksam, wenn ihr Ursprung bekannt ist und wenn, in der Folge, ihre Anwendung auf die *Zeitebene des mythischen Augenblicks ihrer Entdeckung* gebracht wird. Deshalb erinnert man in einer so großen Anzahl von Beschwörungen an die »Geschichte« der Krankheit oder des Dämons, der sie hervorgerufen hat, und bringt zugleich den Augenblick wieder ins Gedächtnis, in dem eine Gottheit oder

ein Heiliger das Übel hat zähmen können. In dieser Weise z. B. erinnert eine assyrische Beschwörung gegen Zahnweh daran, daß, »nachdem Anu die Himmel geschaffen hat, die Himmel die Erde machten, die Erde die Flüsse machte, die Flüsse die Kanäle machten, die Kanäle die Teiche und die Teiche den Wurm machten«. Und der Wurm begab sich »in Tränen« zu Shamash und Ea und fragte, was man ihm zu speisen, zu »zerstören« gebe. Die Götter boten ihm Früchte an, aber der Wurm forderte Menschenzähne. »Da du so gesprochen hast, o Wurm, soll dich Ea mit der mächtigen Hand zerbrechen!«[51] Wir sehen hier nicht nur eine einfache Wiederholung der beispielhaften Heilungsgeste (Vernichtung des Wurms durch Ea), die der Behandlung ihre Wirksamkeit gibt, sondern erleben auch die mythische »Geschichte« der Krankheit, durch deren Erinnerung der Arzt den Kranken *in illud tempus* versetzt.

Die Beispiele, die wir gegeben haben, könnten leicht vermehrt werden, aber wir haben nicht im Sinn, die Themen, denen wir in dieser Darlegung begegnen, völlig zu erschöpfen. Wir wollen sie nur nach einer gemeinsamen Perspektive anordnen, und zwar nach der von den archaischen Gesellschaften gespürten Notwendigkeit, sich periodisch durch die Annullierung der Zeit zu regenerieren. Kollektiv oder individuell, periodisch oder sporadisch, die Regenerationsriten schließen in ihre Struktur und Bedeutsamkeit immer ein Element der Regeneration durch Wiederholung eines archetypischen Aktes ein, zumeist des kosmogonischen Aktes. Was uns in diesen archaischen Systemen hauptsächlich auffällt, ist die Vernichtung der konkreten Zeit und also ihre antihistorische Tendenz. Die Weigerung, eine Erinnerung an die Vergangenheit zu bewahren – und sei es auch die unmittelbare –, erscheint uns als Anzeichen einer besonderen Anthropologie. Mit einem Wort, es ist die Weigerung des archaischen Menschen, sich als historisches Wesen zu betrachten, seine Weigerung, der »Erinnerung« einen Wert zuzugestehen und

damit auch den ungewöhnlichen Ereignissen (das heißt ohne archetypisches Modell), die eigentlich eine konkrete Dauer erst bewirken. In einer letzten Analyse entdecken wir in all diesen Riten und Haltungen den *Willen zur Entwertung der Zeit*. Bis zu ihren äußersten Grenzen verfolgt, würden diese Riten und Verhaltensmuster, die wir oben anführten, folgendes sagen: Wenn man der Zeit keine Aufmerksamkeit schenkt, existiert sie nicht; darüber hinaus: wo sie sich bemerkbar macht (durch die »Sünden« des Menschen, das heißt, wenn dieser sich vom Archetypus entfernt und in die lineare Dauer verfällt), kann man sie wieder annullieren. Im Grunde, wenn man das Leben des archaischen Menschen (in seiner Beschränkung auf die Wiederholung archetypischer Akte, also auf *Kategorien*, nicht auf *Ereignisse*, in der dauernden Wiederaufnahme derselben primordialen Mythen usw.) in seiner wahren Perspektive betrachtet, so muß man bemerken: Obwohl sein Leben doch in der Zeit vor sich geht, trägt es deren Stempel nicht, nimmt die Unumstößlichkeit nicht auf; mit anderen Worten, es setzt überhaupt nicht in Rechnung, was im Bewußtsein von der Zeit besonders charakteristisch und entscheidend ist. Wie der Mystiker und im allgemeinen der religiöse Mensch, so lebt auch der Primitive in einer dauernden Gegenwart. (Und in diesem Sinne kann man zu sagen wagen, der religiöse Mensch sei ein »Primitiver«; er *wiederholt* die Handlungen *eines andern*, und er lebt durch diese Wiederholung in einer zeitlosen Gegenwart.)
Daß für den Primitiven die Regeneration der Zeit fortdauernd stattfindet, also auch im Intervall des »Jahres«, zeigen uns das Alter und die allgemeine Verbreitung der Vorstellungen, die mit dem Mond zu tun haben. Der Mond ist der erste Tote, aber auch der erste Tote, der aufersteht. An anderem Ort haben wir darauf hingewiesen[52], welche Wichtigkeit den Mondmythen für die Gestaltung der ersten zusammenhängenden »Theorien« zukommt, die sich mit Tod und Auferstehung, mit Fruchtbarkeit und Regeneration, mit den Initiationen usw. befassen. Es genügt uns hier, daran zu erinnern, daß

der Mond nicht nur zur »Zeitmessung« dient.[53] Wenn die Phasen des Mondes, lange vor dem Sonnenjahr und sehr viel konkreter, eine Zeiteinheit deutlich machten (den Monat), so weisen sie gleichzeitig doch auf die »ewige Wiederkehr« hin.

Die Phasen des Mondes – erstes Erscheinen, Wachsen, Abnehmen, Verschwinden und dann das Wiedererscheinen nach drei finsteren Nächten – haben in der Herausarbeitung zyklischer Vorstellungen eine ungeheure Rolle gespielt. Wir finden vor allem analoge Vorstellungen in den archaischen Apokalypsen und Anthropogonien: Die Sintflut oder eine andere Überschwemmung macht der erschöpften und sündigen Menschheit ein Ende, und eine neue Menschheit ersteht, gewöhnlich von einem mythischen »Ahnen« herstammend, der aus der Katastrophe gerettet worden ist, oder von einem Mondtier. Die Schichtenanalyse dieser Mythengruppen bringt ihren lunaren Charakter zum Vorschein.[54] Das bedeutet, daß der Mondrhythmus nicht nur kurze Intervalle verdeutlicht (Woche, Monat), sondern auch als Archetyp für beträchtliche Zeiträume dient. Tatsächlich werden die »Geburt« einer Menschheit, ihr Heranwachsen, ihr Absinken (ihre »Abnutzung«) und ihr Verschwinden dem Mondzyklus verglichen. Und diese Vergleichung ist nicht nur deshalb wichtig, weil sie uns die »lunare« Struktur der Entwicklung des Universums zeigt, sondern auch wegen ihrer optimistischen Konsequenzen: denn so wie der Mond niemals endgültig verschwindet, da ja notwendig ein neuer Mond entsteht, so ist auch das Verschwinden des Menschen nicht unumstößlich, nicht einmal das einer ganzen Menschheit (durch Sintflut, Überschwemmung, Versinken eines Kontinents usw.) ist jemals total, denn aus einer Handvoll Überlebender ersteht eine neue Menschheit.

Diese zyklische Vorstellung von dem Verschwinden und dem Wiedererscheinen der Menschheit hat sich gleicherweise in den geschichtlichen Kulturen erhalten. Im dritten Jahrhundert vor Christus vulgarisierte Berossos in der ganzen hellenischen Welt – von wo aus sie sich dann zu den Römern und Byzantinern verbreiten sollte – die chaldäische Lehre vom »Großen Jahr«. Das Weltall wird darin als ewig angesehen, aber es wird periodisch vernichtet und wiederhergestellt in jedem »Großen Jahr« (die entsprechende Zahl der Jahrtausende variiert von einer Schule zur andern). Wenn die sieben Planeten sich im Zeichen des Krebses vereinigen (»Großer Winter«), dann erfolgt eine Sintflut. Wenn sie im Zeichen des Widders einander begegnen (das heißt in der Sommersonnenwende des »Großen Jahres«), dann wird das ganze Weltall durch Feuer verzehrt. Wahrscheinlich wurde diese Lehre von der periodischen Feuervernichtung des Weltalls auch von Heraklit geteilt (z.B. *Fr.* 26 B = 66 D). Auf jeden Fall beherrscht sie das Denken Zenons und die ganze stoische Kosmologie. Der Mythos von der Allverbrennung (*ekpyrosis*) hat zwischen dem letzten vorchristlichen und dem dritten nachchristlichen Jahrhundert überall in der römisch-orientalischen Welt eine beträchtliche Rolle gespielt und ist in eine ganze Anzahl von Gnosen eingegangen, die vom griechisch-persisch-jüdischen Synkretismus ihren Ausgang nehmen. Ähnlichen Ideen begegnen wir in Indien und im Iran (zweifellos zumindest in ihren astronomischen Formulierungen von Babylon beeinflußt); und in analoger Weise bei den Maya in Yucatan und den Azteken in Mexiko. Wir werden auf diese Fragen noch zurückkommen müssen, können aber jetzt schon das unterstreichen, was wir den »optimistischen Charakter« der erwähnten Vorstellungen genannt haben. Tatsächlich läßt sich dieser Optimismus auf das Bewußtsein von der Normalität der zyklischen Katastrophe zurückführen, auf die Gewißheit, daß sie einen Sinn hat und daß sie niemals *definitiv* ist.

In der »lunaren Perspektive« sind der Tod des Menschen und der periodische der Menschheit ebenso notwendig wie die drei Tage Finsternis, die der »Wiedergeburt« des Mondes voraufgehen. Der Tod des Menschen und derjenige der Menschheit sind unentbehrlich für ihre Regeneration. Eine jede Gestaltung – welcher Art auch immer sie sei – wird schwach und verbraucht allein schon durch die Tatsache, daß sie als solche existiert und eine Dauer hat. Damit sie wieder zu Kräften kommt, muß sie ins Gestaltenlose zurückgezogen werden, und wäre es auch nur für einen Augenblick. Sie muß wieder eingegliedert werden in die primordiale Einheit, aus der sie hervorgegangen ist. Sie muß also, mit andern Worten, ins »Chaos« (auf kosmischer Ebene), in die »Orgie« (auf sozialer Ebene) zurückkehren, in die »Finsternisse« (das gilt für die Saat), in das »Wasser« (also auf der Ebene des Menschen: die »Taufe«; und im geschichtlichen Bereich muß sie zu »Atlantis« werden).

Wir können bemerken, daß die beherrschende Rolle in allen diesen kosmisch-mythologischen lunaren Vorstellungen die zyklische Wiederkehr des Vorhergewesenen spielt, in einem Wort: die »ewige Wiederkehr«. Auch hier finden wir das Motiv der Wiederholung einer archetypischen Geste wieder, die auf alle Ebenen projiziert worden ist: kosmisch, biologisch, menschlich usw. Aber wir erschließen zugleich die zyklische Struktur der Zeit, die sich mit jeder neuen »Geburt« regeneriert, auf welcher Ebene sie auch geschehe. Diese »ewige Wiederkehr« verrät eine Ontologie, die noch nicht durch die Zeit und das Werden verunreinigt worden ist. Die Griechen suchten im Mythos von der ewigen Wiederkehr ihren metaphysischen Durst nach dem »Ontischen« und dem Statischen zu stillen (denn, vom Standpunkt der Unendlichkeit aus betrachtet, wird das Werden der Dinge, die unaufhörlich zu der gleichen Lage zurückfinden, folgerichtig aufgehoben, und man kann sogar den Ausspruch wagen, daß unter diesen Umständen »die Welt auf der Stelle stehenbleibt«).[55] Ganz ebenso annulliert der »Primitive« die Unumstößlichkeit der Zeit, indem er ihr eine zyklische Richtung zuschreibt. In jedem Augenblick beginnt alles wieder von vorn. Die Vergangenheit ist nichts als die Präfiguration der Zukunft. Kein Ereignis ist unumstößlich, und keine Verwandlung ist endgültig. In einem gewissen Sinne kann man sogar sagen, es geschehe nichts Neues in der Welt, denn alles ist ja nur die Wiederholung derselben primordialen Archetypen. Diese Wiederholung, die den mythischen Augenblick der Offenbarung der archetypischen Geste aktualisiert, hält die Welt ununterbrochen in demselben morgendlichen Augenblick der Uranfänge fest. Die Zeit macht das Erscheinen und die Existenz der Dinge nur möglich, hat aber keinerlei entscheidenden Einfluß auf diese Existenz – denn auch sie selbst regeneriert sich unaufhörlich.

Hegel behauptete, daß in der Natur die Dinge sich ununterbrochen wiederholten und daß es »nichts Neues unter der Sonne« gebe. Alles, was wir bisher gezeigt haben, bestätigt das Vorhandensein einer ähnlichen Vorstellung beim Menschen der archaischen Gesellschaften: für ihn wiederholen sich die Dinge unendlich, und es geschieht in der Tat nichts Neues unter der Sonne. *Aber diese Wiederholung hat einen Sinn*, wie wir im vorhergehenden Kapitel gesehen haben: sie allein verleiht den Geschehnissen *Wirklichkeit*. Die Ereignisse wiederholen sich, weil sie einen Archetyp nachahmen: das exemplarische Ereignis. Außerdem wird durch die Wiederholung die Zeit aufgehoben oder doch wenigstens in ihrer Macht eingeschränkt. Aber Hegels Bemerkung ist aus einem andern Grund von Bedeutung: Hegel bemüht sich, eine Geschichtsphilosophie aufzustellen, in der das geschichtliche Ereignis, obwohl unumstößlich und autonom, doch einer noch offenen Dialektik eingegliedert werden könnte. Für Hegel ist die Geschichte »frei« und immer »neu«, sie wiederholt sich nicht; aber trotz allem entspricht sie den Plänen der Vorsehung. Sie hat also ein Vorbild (es ist zwar idealer Natur, aber nichtsdestoweniger ein Vorbild) in der Dialektik des Geistes selbst. Dieser Geschichte, die sich nicht wiederholt, setzt Hegel die »Natur« entgegen, in der die Dinge sich ins Unendliche hinein wiederholen.

Aber wir haben gesehen, daß während eines recht beträchtlichen Zeitraumes die Menschheit sich mit allen Mitteln gegen die »Geschichte« gestemmt hat. Können wir nun aus all dem

schließen, die Menschheit sei während dieser Periode innerhalb der Natur geblieben und habe sich noch nicht aus ihr gelöst? Nur das Tier sei wirklich unschuldig, schrieb Hegel am Anfang seiner *Vorlesungen über die Philosophie der Geschichte*. Die Primitiven fühlten sich zwar nicht immer unschuldig, versuchten aber, es wieder zu werden durch die periodisch wiederkehrende Beichte ihrer Fehler. Können wir in dieser Tendenz zur Reinigung die Sehnsucht nach dem verlorenen Paradies der Tierhaftigkeit erblicken? Oder aber sollen wir etwas anderes erkennen in diesem Verlangen des Menschen, kein »Gedächtnis« zu haben, die Zeit nicht zu registrieren und sich damit zufriedenzugeben, sie allein als eine Dimension seiner Existenz zu ertragen, aber ohne daß er sie verinnerlichte, sich einverleibte, in Bewußtsein verwandelte? Vielleicht sollten wir darin eher den Durst des Primitiven nach dem »Ontischen« sehen, seinen Willen *zu sein*, wie die archetypischen Wesen *sind*, deren Handlungen er unaufhörlich wiederholt?
Das Problem ist ungemein wichtig, und man darf es nicht in wenigen Zeilen abtun wollen. Aber es gibt Gründe, die zu der Annahme führen, die Sehnsucht nach dem verlorenen Paradies schließe bei den »Primitiven« einen Wunsch, das »Paradies der Tierhaftigkeit« wiederherzustellen, glatt aus. Alles, was wir über die mythischen Erinnerungen an das »Paradies« wissen, zeigt uns im Gegenteil das Bild einer idealen Menschheit, die sich einer Glückseligkeit und einer geistigen Fülle erfreute, die in der aktuellen Situation des »gefallenen Menschen« für ewig unrealisierbar geworden sind. Die Mythen zahlreicher Völker machen wirklich Andeutungen über eine sehr weit zurückliegende Epoche, in der die Menschen weder den Tod noch Arbeit oder Leid kannten und nur die Hand auszustrecken brauchten, um Nahrung in Fülle zu finden. *In illo tempore* stiegen die Götter aus dem Himmel herab und vermischten sich mit den Menschen; und die Menschen konnten ihrerseits ohne Schwierigkeiten zum Himmel emporsteigen. Infolge eines rituellen Fehlers wurden die Ver-

bindungen zwischen Himmel und Erde unterbrochen, und die Götter zogen sich in die höchsten Himmel zurück. Seit der Zeit müssen die Menschen arbeiten und sind nicht mehr unsterblich.

Daher ist es weit wahrscheinlicher, daß dieses Verlangen des Menschen der archaischen Gemeinschaften, die »Geschichte« abzuweisen und sich an eine unendliche Wiederholung der Archetypen zu halten, seinen Durst nach dem Wirklichen verrät und zugleich seine Furcht, er könne sich »verlieren«, wenn er sich von der Bedeutungslosigkeit der profanen Existenz überkommen ließe. Und es ist nur von geringer Wichtigkeit, ob die Formulierungen und Bilder, durch die der »Primitive« die *Wirklichkeit* ausdrückt, uns kindlich oder gar lächerlich erscheinen. Es ist der tiefe Sinn des primitiven Verhaltens selbst, der uns die Enthüllungen vermittelt: dieses Verhalten wird geleitet von dem Glauben an eine absolute Realität, die sich der profanen Welt der »Unwirklichkeiten« entgegenstellt. In letzter Instanz ist diese gar nicht einmal eine »Welt« im eigentlichen Sinne, sondern das »Unwirkliche« *par excellence*, das Nicht-Erschaffene, das Nicht-Seiende: das Nichts.

Man hat also das Recht, von einer archaischen Ontologie zu sprechen, und nur wenn man diese Ontologie im Auge behält, versteht man – und verachtet nicht mehr – das Verhalten der primitiven Welt, und sei es noch so extravagant dem Anschein nach: dieses Verhalten entspricht tatsächlich einer verzweifelten Anstrengung, den Kontakt mit dem *Sein* nicht zu verlieren.

KAPITEL III
»UNGLÜCK« UND »GESCHICHTE«

1. Das »Normale« des Leidens

Mit diesem Kapitel möchten wir das menschliche Leben und die »geschichtliche Existenz« unter einem neuen Blickwinkel betrachten. Der archaische Mensch versucht – wie gezeigt –, sich mit allen Mitteln der *Geschichte* entgegenzustemmen, die er betrachtet als eine Folge unumstößlicher, unvorhersehbarer Ereignisse von autonomem Wert. Er weigert sich, sie als solche, als *Geschichte*, anzunehmen und zu bewerten, ohne daß er doch dazu gelangte, sie immer zu verbannen. So vermag er z.B. nichts gegen kosmische Katastrophen, militärische Niederlagen und soziale Ungerechtigkeiten, die an die Struktur der Gesellschaft selbst gebunden sind, ebensowenig gegen persönliche Unglücksfälle usw. Es wäre natürlich auch interessant zu wissen, wie diese »Geschichte« vom archaischen Menschen ertragen wurde, wie er also die Mißhelligkeiten, das Unglück und die »Leiden« überwand, die zum Los jedes Individuums und jedes Kollektivs gehören.

Was bedeutet »leben« für einen Menschen der archaischen Kulturen? Vor allem: nach außermenschlichen Vorbildern und in Übereinstimmung mit den Archetypen leben. Also: im Herzen des *Wirklichen* leben, da ja nur die Archetypen, wie das erste Kapitel gezeigt hat, wahrhaft wirklich sind. In Übereinstimmung mit den Archetypen leben lief aber darauf hinaus, das »Gesetz« zu respektieren, denn dieses Gesetz war ja nichts anderes als eine primordiale Hierophanie, die *in illo tempore* geschehene Offenbarung der Existenznormen durch eine Gottheit oder ein mythisches Wesen. Und wenn es dem archaischen Menschen durch die Wiederholung der beispielhaften Handlungen und den Vollzug periodischer Zeremonien gelang, die Zeit zu annullieren – wie wir gesehen haben –, so lebte er nicht weniger in Übereinstimmung mit den kosmischen Rhythmen. Wir könnten sogar sagen, er habe sich diesen Rhythmen eingefügt (erinnern wir nur daran, wie »wirklich« für ihn der Tag und die Nacht sind, die Jahreszeiten, die Mondphasen, die Sonnenwendzeiten usw.).

Was konnten im Rahmen einer solchen Existenz das »Leid« und der »Schmerz« eigentlich bedeuten? Keinesfalls doch eine des Sinns ermangelnde Erfahrung, die der Mensch nur »ertragen« könnte, wie er etwa die Unannehmlichkeiten des Klimas erträgt. Welcher Natur es auch war und worin der scheinbare Grund zu suchen war – *sein Leid hatte einen Sinn*; es entsprach, wenn schon nicht immer einem Prototyp, so doch wenigstens einer Ordnung, deren Wert nicht angezweifelt wurde. Man hat gesagt, das große Verdienst des Christentums gegenüber der alten mediterranen Moral sei es gewesen, dem Leid einen Wert zu verleihen: den Schmerz aus einem negativen Zustand in eine Erfahrung »positiv« geistigen Gehalts zu verwandeln. Die Behauptung gilt insoweit, als es sich darum handelt, dem Leid einen Wert zu geben und den Schmerz selbst wegen seiner erlösenden Eigenschaften aufzusuchen. Aber wenn die vorchristliche Menschheit das Leid auch nicht aufgesucht und ihm (außer einigen seltenen Ausnahmen) keinen Wert zugeschrieben hat etwa als Instrument geistiger Reinigung und Erhöhung, so hat sie es doch nie als *leer von Bedeutung* angesehen. Wir sprechen in diesem Zusammenhang natürlich von dem Leid als Ereignis, als *geschichtlicher* Tatsache, von dem Leid, das hervorgerufen wird durch eine kosmische Katastrophe (Trockenheit, Überschwemmung, Sturm usw.), durch eine feindliche Invasion (Feuersbrunst, Versklavung, Erniedrigung usw.) oder durch soziale Ungerechtigkeiten usw.

Wenn solche Leiden ertragen werden konnten, so gerade deswegen, weil sie nicht sinnlos und willkürlich erschienen. Beispiele dafür liegen auf der Hand und sind überreich an Zahl. Der Primitive, der sehen muß, daß sein Feld von der Trockenheit verdorben, sein Vieh durch Krankheiten dezimiert, sein Kind von einem Leiden befallen und er selbst vom Fieber ergriffen wird, oder allzuhäufig ergebnislos von der Jagd zurückkehrt usw., weiß, daß alle diese Geschehnisse nicht dem Zufall unterliegen, sondern gewissen magischen oder dämonischen Einflüssen, gegen die der Zauberer oder

der Priester Waffen besitzt. Ebenso wie die Gemeinschaft im Fall einer kosmischen Katastrophe wendet er sich an den Zauberer, damit er die Wirkung des Zaubers beseitige, oder an den Priester, um sich die Götter günstig zu stimmen. Wenn deren Intervention aber keinerlei Resultat herbeiführt, so erinnern sich die Betroffenen an das Höchste Wesen, das sie schon fast ganz vergessen hatten, und beten zu ihm durch Darbringung von Opfern. »Du dort oben, nimm mir mein Kind nicht weg; es ist noch klein!« flehen die Selknam-Nomaden aus Feuerland. »O Tsuni-Goam«, klagen die Hottentotten, »Du allein weißt, daß ich keine Schuld habe!« Während eines Sturms ritzen sich die Pygmäen der Semang mit einem Bambusmesser die Waden auf, spritzen nach allen Seiten Blutstropfen umher und schreien: »Ta Pedn! Ich bin nicht hartherzig, ich bezahle meinen Fehler! Nimm meine Schuld an, ich bezahle sie!«[1] Unterstreichen wir nebenbei einen Punkt, den wir genauer in unserem *Traité d'histoire des religions* ausgeführt haben: Im Kultus der sogenannten primitiven Völker intervenieren die Höchsten Wesen nur in letzter Instanz, wenn alle Vorstellungen bei den Göttern, Dämonen und Zauberern nichts gefruchtet haben, mit deren Hilfe man ein »Leid« (Trockenheit, Übermaß an Regen, Krankheit, Schwierigkeit usw.) hat beseitigen wollen. Die Semang-Pygmäen bekennen bei dieser Gelegenheit die Fehler, deren sie sich schuldig glauben; eine Sitte, die man auch anderwärts wiederfindet, wo sie gleicherweise den letzten Versuch begleitet, ein Leid fortzuschaffen.

Jedes Moment der magisch-religiösen Behandlung des »Leidens« illustriert aber klar dessen *Sinn*: es rührt aus der magischen Handlung eines Feindes her, der Übertretung eines Tabus, aus dem Betreten eines Unheilsgebietes, aus dem Zorn eines Gottes oder – wenn alle andern Hypothesen sich als hinfällig erwiesen haben – aus dem Willen oder dem Grimm des Höchsten Wesens. Der Primitive – und er ist nicht der einzige, wie wir sogleich sehen werden – kann sich kein »Leid« vorstellen, das nicht provoziert wäre.[2] Es stammt aus einem Fehler, den er selbst begangen hat (wenn er überzeugt ist, es sei ein religiöser Fehler), oder der Bosheit des Nachbarn (wenn der Zauberer feststellt, es handle sich um eine magische Einwirkung); aber immer ist ein Fehler am Grunde zu entdecken oder doch zum wenigsten eine Ursache im Willen des Höchsten Wesens, das schon fast vergessen war und an das sich der Mensch wenden muß, wenn er mit seiner Rechnung am Ende ist. In jedem Falle aber wird das »Leid« verständlich und daher auch erträglich. Gegen dieses »Leid« kämpft der Primitive mit allen magisch-religiösen Mitteln, die ihm zu Gebote stehen – aber er erträgt es moralisch, weil es *nicht absurd* ist. Das kritische Moment des »Leids« ergibt sich im Augenblick seines Erscheinens; das Leid ist nur in dem Maße verwirrend, als seine Ursache noch unbekannt ist. Sobald aber der Zauberer oder der Priester herausbekommt, aus welchem Grund die Kinder oder das Vieh sterben, die Trockenheit sich hinzieht, der Regen sich verdoppelt, das Wild verschwindet usw., beginnt das »Leid« erträglich zu werden. Es hat ja einen Sinn und einen Grund, man kann es also in ein System bringen und es erklären.

Was wir oben über den »Primitiven« gesagt haben, gilt zu einem guten Teil auch für den Menschen der archaischen Kulturen. Wohlverstanden, die Motive, die dem Leid und dem Schmerz eine Rechtfertigung geben, sind nach den einzelnen Völkern verschieden; aber diese Rechtfertigung findet sich überall. Im allgemeinen kann man sagen, das Leid wird angesehen als die Folge einer Abirrung von der »Norm«. Daß diese »Norm« von einem Volk zum andern und von einer Kultur zur andern verschieden ist, versteht sich von selbst. Wichtig für uns ist aber, daß – im Rahmen der archaischen Kulturen – das Leid und der Schmerz nirgendwo als »blind« und sinnlos betrachtet werden.

So haben die Inder frühzeitig eine Vorstellung von der universellen Kausalität entwickelt, das *karma*, das Rechenschaft ablegt über die aktuellen Bedingungen und Leiden des Individuums und zugleich die Notwendigkeit der Verwandlung erklärt. Im Lichte des *karma*-Gesetzes erhalten die Leiden nicht nur einen Sinn, sondern auch einen positiven Wert. Die Leiden der aktuellen Existenz sind nicht nur *verdient* – da sie ja die verhängnisvolle Wirkung der Verbrechen und Fehler sind, die man im Laufe der vorhergehenden Existenzen begangen hat –, sondern geradezu *willkommen*, denn nur auf diese Weise ist es möglich, einen Teil der karmischen Schuld abzutragen und zu löschen, die auf dem Individuum liegt und über den Zyklus seiner kommenden Existenzen bestimmt. Nach indischer Vorstellung wird jeder Mensch mit einer Schuld geboren, zugleich aber auch mit der Freiheit, neue auf sich zu laden. Seine Existenz bildet eine lange Reihe von Zahlungen und Anleihen, deren Rechnungsführung nicht immer augenscheinlich ist. Wer nicht völlig ohne Intelligenz ist, kann voller Heiterkeit die Leiden, die Schmerzen und Schläge hinnehmen, denen er unterworfen ist; denn jedes löst eine karmische Gleichung für ihn auf, die im Laufe seiner früheren Existenzen ungelöst geblieben ist. Allerdings hat das indische Denken sehr früh Mittel gesucht und gefunden, durch die der Mensch sich befreien kann von dieser unendlichen Kette Ursache-Wirkung-Ursache usw., die vom Gesetz des *karma* regiert wird. Aber solche Lösungen beeinträchtigen nicht im geringsten den *Sinn* der Leiden, sie verstärken ihn im Gegenteil noch. Ganz wie der Yoga geht auch der Buddhismus von dem Prinzip aus, daß die ganze Existenz Leiden ist, und er bietet die Möglichkeit an, auf konkrete und endgültige Weise diese ununterbrochene Folge von Leiden zu verlassen, auf die sich in letzter Analyse die ganze menschliche Existenz zurückführen läßt. Aber der Buddhismus – wie der Yoga und wie übrigens auch jede andere indische Methode zur Eroberung der Freiheit – bezweifelt nicht für einen Augenblick die »Normalität« des Leidens. Und für den Vedanta ist das Leid »illusorisch« nur im gleichen Maße wie das ganze Universum; weder die menschliche Erfahrung des Leids noch das Universum sind *Wirklichkeiten* im ontologischen Sinn des Begriffs. Mit Ausnahme der materialistischen

Schulen der Lokâyata und Chârvâka – für die es weder »Seele« noch »Gott« gibt und die in der Flucht vor dem Leid und dem Aufsuchen des Vergnügens das einzige sinnvolle Ziel erblicken, das sich der Mensch setzen kann – hat ganz Indien den Leiden, welcher Art sie auch seien (kosmisch, seelisch oder geschichtlich) klaren Sinn und klare Funktion zugestanden. Das *karma* garantiert, daß alles, was in der Welt vor sich geht, dem unveränderlichen Gesetz von Ursache und Wirkung entspricht.

Wenn wir nun auch nirgendwo in der archaischen Welt eine Formulierung finden, die ebenso deutlich wie das *karma* über die »Normalität« des Leidens Rechenschaft gäbe, so begegnet uns doch überall eine gleiche Tendenz, dem Leiden und den geschichtlichen Ereignissen eine »normale Bedeutung« zuzugestehen. Es kann sich für uns hier nicht darum handeln, alle Erscheinungsformen dieser Tendenz zu betrachten. Fast überall stoßen wir auf die archaische Vorstellung (die bei den Primitiven überwiegt), das Leid sei dem göttlichen Willen zuzuschreiben, dieser göttliche Wille habe das Leid selbst hervorgebracht oder aber anderen, dämonischen oder göttlichen Mächten erlaubt, es in die Welt zu bringen. Die Zerstörung einer Ernte, die Trockenheit, die Plünderung des Dorfes durch den Feind, Verlust der Freiheit oder des Lebens und jedes andere Unglück (Epidemie, Erdbeben usw.) – alles findet auf die eine oder andere Weise seine Erklärung und Rechtfertigung im Transzendenten, in der göttlichen Ökonomie. Vielleicht war der Gott des besiegten Dorfes weniger mächtig als der des siegreichen Feindes, oder die ganze Gemeinschaft oder auch nur eine einzige Familie hatte sich gegenüber irgendeiner Gottheit einen rituellen Fehler zuschulden kommen lassen; vielleicht auch waren Zaubereien, Dämonen, Vernachlässigungen und Verfluchungen im Spiel. Immer jedenfalls entspricht einem individuellen oder kollektiven Leid eine angemessene Erklärung. Und also ist es erträglich, *kann* erträglich sein.

Es geht noch weiter: Im mediterran-mesopotamischen

Bereich wurden die Leiden des Menschen schon frühzeitig mit denen eines Gottes in Beziehung gebracht. Das hieß aber, ihnen einen Archetyp zu verschaffen, der ihnen zugleich Wirklichkeit und »Normalität« verlieh. Der sehr alte Mythos von Leiden, von Tod und Auferstehung des Tammuz fand Entsprechungen und Nachahmungen fast überall in der Welt des Alten Orients, und Spuren finden sich noch in der nachchristlichen Gnosis. Es wäre unangebracht, hier die kosmologisch-agrarischen Ursprünge und die eschatologische Struktur der Tammuz-Gestalt zu untersuchen. Wir begnügen uns damit, darauf hinzuweisen, daß die Leiden und die Auferstehung des Tammuz gleicherweise den Leiden anderer Götter (Marduk z. B.) zum Vorbild gedient haben und zweifellos jährlich durch den König dargestellt (also nachgeahmt) worden sind. Die Klagen und Freudenfeiern des Volkes zum Gedächtnis an die Leiden, den Tod und die Auferstehung des Tammuz oder jeder beliebigen anderen kosmisch-agrarischen Gottheit haben im ganzen archaischen Orient einen Widerhall gefunden, den man in seiner Macht kaum überschätzen kann. Denn es handelte sich dabei nicht nur um die Ahnung von der Auferstehung, die dem Tode des Menschen folgen könnte, sondern in gleicher Weise um die tröstende Kraft der Leiden des Tammuz *für jeden einzelnen Menschen im besonderen*. Jedes Leid konnte in der Erinnerung an die Leidensgeschichte des Tammuz ertragen werden.

Denn dieses mythische Drama erinnerte den Menschen daran, daß kein Leid je endgültig sei, daß auf den Tod stets die Auferstehung folge und daß jede Niederlage durch den schließlichen Sieg annulliert und wiedergutgemacht werde. Die Analogie zwischen diesen Mythen und dem Monddrama, das wir im vorhergehenden Kapitel skizziert haben, ist deutlich. Jetzt liegt uns daran zu unterstreichen, daß Tammuz – oder jede andere Variante desselben Archetyps – die Leiden des »Gerechten« rechtfertigt, also erträglich macht. Der Gott selbst mußte – wie so oft der »Gerechte«, der »Unschuldige« – leiden, ohne schuldig zu sein. Er wurde erniedrigt, bis aufs

Blut geschlagen, in einen »Brunnen«, das heißt in die Hölle, geworfen. Und dort besuchte ihn die Große Göttin (oder, in den nur andeutenden und gnostischen Versionen, ein »Bote«), flößte ihm Mut ein und erlöste ihn. Dieser so trostreiche Mythos des Leidens des Gottes ist nur sehr allmählich aus dem Bewußtsein der orientalischen Völker verschwunden. Professor Geo Widengren glaubt ihn z.B. unter den manichäischen und mandäischen Prototypen wiederfinden zu können[3], natürlich mit den unvermeidlichen Veränderungen und den neuen Wertungen, die in der Zeit des griechisch-orientalischen Synkretismus erworben worden waren. Ein Umstand drängt sich jedenfalls unserer Aufmerksamkeit auf: daß nämlich solche mythologischen Gesamtvorstellungen eine äußerst archaische Struktur aufweisen und sich – wenn nicht »historisch«, so doch formell – von Mondmythen herleiten lassen, deren Alter wir nicht anzweifeln dürfen. Wir haben festgestellt, daß die Mondmythen eine optimistische Anschauung vom Leben im allgemeinen verbreiteten; alles findet in zyklischer Weise statt, dem Tod folgt unvermeidlich eine Auferstehung, der Kataklysmus einer neuen Schöpfung. Der paradigmatische Mythos von Tammuz (auch auf andere mesopotamische Gottheiten ausgedehnt) gibt uns eine neue Gültigkeitserklärung dieses selben Optimismus an die Hand: nicht nur der *Tod* des Individuums ist »gerettet«, sondern das gleiche gilt für seine *Leiden*. Jedenfalls lassen das die gnostischen, mandäischen und manichäischen Nachklänge des Tammuz-Mythos deutlich werden. Für die betreffenden Sekten muß *der Mensch als solcher* das Los ertragen, das ehedem Tammuz beschieden war. Der Mensch, der in den »Brunnen« gefallen und zum Sklaven des »Fürsten der Finsternis« gemacht worden ist, wird durch einen Boten erweckt, der ihm die frohe Neuigkeit bringt, sein Heil, seine »Befreiung« stehe bevor. Wenn wir auch ganz ohne Dokumente wären, die uns erlaubten, diese Schlüsse auf Tammuz auszudehnen, so fühlten wir uns doch zu der Annahme getrieben, seine Leidensgeschichte sei der des Menschen verglichen worden.

Daher der große volkstümliche »Erfolg« der Riten, die sich auf die sogenannten Vegetationsgottheiten beziehen.

Für die Juden war jedes neue geschichtliche Unglück eine Strafe, die Jahwe über sie wegen der sündigen Ausschweifungen verhängte, denen sich das auserwählte Volk ergab. Keine militärische Katastrophe erschien absurd, kein Leid war vergeblich, denn hinter dem »Ereignis« konnte man immer den Willen Jahwes erblicken. Man könnte besser sagen, diese Katastrophen seien *notwendig* gewesen, von Gott vorgesehen, damit das jüdische Volk nicht gegen sein eigenes Schicksal anginge und so die religiöse Erbschaft verschleuderte, die Mose ihm hinterlassen hatte. In der Tat, jedesmal wenn die *Geschichte* es ihnen erlaubte, wenn sie eine Zeit des Friedens und des relativen Wohlstandes erlebten, entfernten sich die Juden von Jahwe und wandten sich den Baalen und Astarten ihrer Nachbarn zu. Nur die geschichtlichen Katastrophen brachten sie wieder auf den geraden Weg und lenkten mit Gewalt ihre Blicke wieder zum wahren Gott. »Da schrieen sie zum Herrn und sagten: Wir haben gesündigt; denn wir haben den Herrn verlassen und den Baalen und Astarten gedient. Befrei uns jetzt aus der Gewalt unserer Feinde; wir wollen wieder dir dienen« (1. *Samuel* 12,10). Diese Rückkehr zum wahren Gott erinnert uns an die verzweifelte Geste des Primitiven, der erst die äußerste Schwere einer tödlichen Gefahr fühlen und zugleich erleben muß, daß alle seine Bitten zu anderen göttlichen »Gestalten« (Götter, Ahnen, Dämonen) nichts fruchteten, ehe er die Existenz des Höchsten Wesens wiederentdeckt. Indessen lebten die Juden, sobald erst einmal die großen assyrisch-babylonischen Militärmächte in ihrem historischen Blickfeld aufgetaucht waren, ununterbrochen unter der von Jahwe ausgesprochenen Drohung: »Wenn ihr aber nicht auf die Stimme des Herrn hört und euch seinem Befehl widersetzt, dann wird die Hand des Herrn gegen euch (ausgestreckt) sein wie gegen eure Väter« (1. *Samuel* 12,15).

Die Propheten bestätigten und bereicherten durch ihre

schrecklichen Visionen nur noch die unabwendbare Strafe, die Jahwe seinem Volk zugedacht hatte, wenn es seinen Glauben an ihn nicht zu bewahren wußte. Und nur in dem Maße, wie die Prophezeiungen durch Katastrophen bewahrheitet wurden – wie es von Elias bis zu Jeremia immer wieder geschah –, gewannen die geschichtlichen Vorgänge eine religiöse Bedeutung, das heißt, sie erschienen als Strafen, die der Herr über Israel wegen seiner Gottlosigkeit verhängte. Dank der Propheten, die im Lichte eines rigorosen Glaubens die zeitgenössischen Vorgänge betrachteten, verwandelten sich diese in »negative Theophanien«, in den »Zorn« Jahwes. Auf diese Weise erhielten sie nicht nur einen Sinn (denn, wie wir gesehen haben, besaß jedes geschichtliche Ereignis für die ganze orientalische Welt seine eigene Bedeutung), sondern sie enthüllten auch ihren inneren Zusammenhang, indem sie sich als konkreten Ausdruck eines *einheitlichen* göttlichen Willens gaben. So verliehen die Propheten als erste *der Geschichte einen Wert* und gelangten dazu, die überlieferte Anschauung vom Zyklus hinter sich zu lassen, die allen Dingen eine ewige Wiederholung zugestand, und entdeckten eine Zeit mit einheitlichem und einzigartigem Sinn. Diese Entdekkung wurde nicht sogleich und nicht in ihrer Gesamtheit vom ganzen jüdischen Volk angenommen, und die alten Vorstellungen lebten noch lange weiter (vgl. unten).

Aber zum ersten Male sieht man den Gedanken Gestalt annehmen und sich ausbreiten, daß die geschichtlichen Vorgänge *in sich selbst* einen Wert tragen in dem Maße, als sie durch den Willen Gottes bestimmt sind. Dieser Gott des jüdischen Volkes ist nicht mehr eine orientalische Gottheit, die archetypische Gesten vollzieht, sondern eine *Person*, die unaufhörlich in die Geschichte eingreift und ihren Willen durch die Ereignisse kundtut (durch Invasionen, Belagerungen, Schlachten usw.). Die geschichtlichen Tatsachen werden so zu »Situationen« des Menschen gegenüber Gott und nehmen als solche einen religiösen Wert an, den bis dahin nichts ihnen geben konnte. Auch ist die Feststellung wahr, die

Juden seien die ersten gewesen, denen die Bedeutung der Geschichte als Epiphanie Gottes aufgegangen sei. Und diese Vorstellung wurde dann, wie zu erwarten stand, vom Christentum wieder aufgenommen und bereichert.

Wir können uns sogar fragen, ob der Monotheismus, der auf der direkten und persönlichen Offenbarung der Gottheit beruht, nicht notwendig die »Rettung« der Zeit mit sich bringt, ihre »Wertung« im Rahmen der Geschichte. Ohne Zweifel begegnet der Begriff der Offenbarung, unter ungleichmäßig durchsichtigen Formen, in allen Religionen; wir könnten sogar sagen, in allen Kulturen. Und wirklich waren ja auch, wie im ersten Kapitel gezeigt wurde, die archetypischen Handlungen – die unaufhörlich von den Menschen wiederholt wurden – zugleich Theophanien oder Hierophanien. Der erste Tanz, der erste Zweikampf, der erste Fischzug wurden zu Beispielen für die Menschheit ebenso wie die erste Hochzeitszeremonie oder das erste Ritual, weil sie eine Seinsart der Gottheit, des primordialen Menschen, des kulturbringenden Heros offenbarten, usw. Aber diese Offenbarungen hatten sich *in der mythischen Zeit* ereignet, im außerzeitlichen Augenblick des Anfangs. So fiel ja auch, wie wir ebenfalls im ersten Kapitel gesehen haben, alles in einem gewissen Sinn mit dem Beginn der Welt zusammen, mit der Kosmogonie. *Alles war in jenem Augenblick, in illo tempore* geschehen und offenbart worden: die Erschaffung der Welt und des Menschen, seine Einsetzung in die für ihn im Kosmos vorgesehene Stellung, bis hinunter zu den kleinsten Details (physiologischer, soziologischer, kultureller Art usw.).

Ganz anders aber verhält es sich im Falle der monotheistischen Offenbarung. Diese findet *in der Zeit* statt, in der geschichtlichen Dauer: Mose empfängt das »Gesetz« an einem bestimmten »Ort« und zu einem bestimmten »Zeitpunkt«. Wohlverstanden, auch hier stoßen wir auf Archetypen in dem Sinne, daß diese Vorgänge zu exemplarischen gemacht und wiederholt werden; aber das soll doch nur geschehen, wenn die Zeiten erfüllt sind, das heißt in einem neuen *illud tempus*. Zum Beispiel, so sagt der Prophet Jesaia (11,15-16), werden die Wunder des Zuges durch das Rote Meer und den Jordan sich »zu der Zeit« wiederholen. Aber der Augenblick, in dem sich Gott dem Mose offenbarte, bleibt darum doch nicht weniger ein begrenzter und genau bestimmter Augenblick in der Zeit. Und da er zugleich eine Theophanie darstellt, gewinnt er auch eine neue Dimension: er wird wertvoll gerade in dem Maße, in dem er *nicht mehr umstürzbar*, sondern ein *geschichtlicher Vorgang* ist.

Indessen ist es wohl erst der Messianismus, der darauf hinzielt, die eschatologische Wertung der Zeit zu vollenden: die *Zukunft* wird die Zeit regenerieren, das heißt ihr ihre ursprüngliche Reinheit und Integrität zurückgeben. *In illo tempore* bedeutet also nicht nur am Anfang der Zeiten, sondern auch am Ende der Zeiten.[4] Es ist leicht, in diesen reichen eschatologischen Visionen ebenfalls das sehr alte Gesamtbild der jährlichen Wiedergeburt des Kosmos durch Wiederholung der Schöpfung und durch das Leidensdrama des Königs sichtbar zu machen. Der Messias nimmt – natürlich auf höherer Ebene – die Rolle des König-Gottes oder des Königs als Stellvertreter der Gottheit auf Erden an, dessen hauptsächliche Aufgabe es war, die ganze Natur periodisch zu erneuern. Seine Leiden erinnern an die des Königs, aber ganz wie in den alten Szenarien gehörte der Sieg am Ende doch dem König. Der einzige Unterschied ist, daß dieser Sieg über die Mächte der Finsternis und des Chaos nicht mehr regelmäßig jedes Jahr erfolgt, sondern daß er in ein *illud tempus* der messianischen Zukunft versetzt wird.

Unter dem »Druck der Geschichte« und gestützt durch die prophetische und messianische Erfahrung, tritt im Schoße des jüdischen Volkes eine neue Interpretation der historischen Ereignisse ans Licht. Ohne endgültig auf die überlieferte Vorstellung von den Archetypen und den Wiederholungen zu verzichten, versucht Israel, die geschichtlichen Vorgänge zu »retten«, indem es sie als aktive Gegenwart Jahwes betrachtet. Von der mesopotamischen Bevölkerung z.B. wurden die individuellen oder kollektiven Leiden »ertragen«, soweit sie einem Konflikt zwischen den göttlichen und den dämonischen Kräften zuzuschreiben waren, das heißt, soweit sie einen Teil des kosmischen Dramas bildeten (*von allem Anfang an* und *ad infinitum* ging der Schöpfung das Chaos voraus und versuchte die Schöpfung, in diesem wieder aufzugehen. *Von Anfang an* und *ad infinitum* brachte eine neue Geburt auch Leiden und Leidenschaften usw. mit sich). Das Israel der messianischen Propheten aber konnte die geschichtlichen Ereignisse ertragen, weil sie zu einem Teil von Jahwe *gewollt*, zum andern Teil aber auch notwendig waren zum *endgültigen* Heil des auserwählten Volkes. Indem der Messianismus die alten Vorstellungen (vom Typ Tammuz) über das »Leiden« des Gottes aufnahm, gab er ihnen doch einen neuen Wert, da er vor allem die Möglichkeit zu ihrer Wiederholung *ad infinitum* vernichtete. Wenn der Messias erscheint, wird die Welt *ein für allemal* gerettet sein und die *Geschichte aufhören zu existieren*. In diesem Sinne kann man nicht nur von einer eschatologischen Wertung der *Zukunft* sprechen, »jenes Tages«, sondern auch vom »Heil« des historischen Werdens. Die Geschichte erscheint nicht mehr als ein Zyklus, der sich unaufhörlich wiederholt, wie ihn die primitiven Völker darstellten (Schöpfung, Erschöpfung, Zerstörung, jährliche Wiedererschaffung des Kosmos) und wie er – wir werden es sogleich sehen – in den Theorien babylonischer Herkunft präsentiert wird (Schöpfung, Zerstörung, Schöpfung sich über beträchtliche Zeiträume erstreckend: Jahrtausende, »Große Jahre«, Äonen). Unmittelbar kontrolliert von Jahwes Willen, erscheint die Geschichte als eine Folge »negativer« oder »positiver« Theophanien, deren jede einzelne ihren Wert in sich hat. Ganz sicher können alle militärischen Niederlagen auf einen Archetyp zurückgeführt werden: auf den Zorn Jahwes. Aber jede dieser Niederlagen, obwohl im Grunde die Wiederholung eines Archetyps, besitzt doch einen Koeffizienten des Unumstößlichen: die persönliche Einwirkung Jahwes. Der Sturz Samariens z. B., der dem Jerusalems doch ähnlich ist, unterscheidet sich von diesem dadurch, daß er von einer neuen Geste Jahwes bewirkt wurde, von einem neuen Eingreifen des Herrn in die Geschichte.

Aber wir dürfen nicht aus dem Blick verlieren, daß diese messianischen Vorstellungen ausschließlich durch eine religiöse Elite geschaffen wurden. Während einer langen Reihe von Jahrhunderten hat diese Elite sich um die religiöse Erziehung des jüdischen Volkes bemüht, ohne daß es ihr doch durchweg gelungen wäre, die überlieferten altorientalischen Wertungen des Lebens und der Geschichte mit der Wurzel auszureißen. Die periodische Rückkehr der Juden zu den Baalen und Astarten erklärt sich zu einem guten Teil auch durch ihre Weigerung, der Geschichte einen Wert beizulegen, das heißt, sie *als eine Theophanie anzusehen*. Die Masse des Volkes, besonders die ländlichen Gemeinden, zog die alte religiöse Vorstellung (die von den »Baalen und Astarten«) vor; denn sie hielt sie näher am »Leben« und half ihr, die Geschichte, wenn schon nicht zu vergessen, so doch zu ertragen. Die messianischen Propheten aber besaßen den unerschütterlichen Willen, der Geschichte ins Gesicht zu sehen und sie *anzunehmen* als einen schreckenerregenden Dialog mit Jahwe, und sie wollten zugleich die militärischen Niederlagen moralisch und religiös fruchtbar machen und sie ertragen, weil sie ihnen als *notwendig* erschienen zur Wiederversöhnung Jahwes mit dem Volk Israel und zum endgültigen Heil. Dieser Wille, *jeden beliebigen Moment als entscheidend* zu betrachten und ihm in der Folge eine religiöse Wertung zu geben, erforderte eine allzu starke geistige Anspannung; und die Mehrzahl des jüdischen Volkes weigerte sich, eine solche auf sich zu nehmen[5] – wie ja auch die Mehrzahl der Christen vor allem der einfacheren Schichten sich weigert, das authentische Leben des Christentums zu leben. Es war trostreicher – und auch bequemer –, in Unglücksfällen und Prüfungen damit fortzufahren, einem »Unfall« die Schuld zu geben

(einer Verzauberung usw.) oder einer »Nachlässigkeit« (rituellem Fehler oder dergleichen), die sich beide reparieren ließen durch ein Opfer (und ginge es selbst darum, dem Moloch die Neugeborenen darzubringen).
So gesehen, beleuchtet das klassische Beispiel vom Opfer Abrahams bewundernswert klar den Unterschied zwischen der überlieferten Vorstellung von der Wiederholung der archetypalen Handlung und anderseits dem *Glauben*, der durch religiöse Erfahrung erworben wurde.[6] Formell ist das Opfer Abrahams nichts anderes als die Opferung des Erstgeborenen, ein sehr verbreiteter Brauch in dieser Welt des Alten Orients, in dem die Juden bis zur Zeit der Propheten sich entwickelt haben. Das erste Kind wurde oft als das Kind des Gottes angesehen; und wirklich herrschte im ganzen Alten Orient die Sitte, daß die jungen Mädchen eine Nacht im Tempel verbrachten und so von dem Gott ein Kind empfingen (von seinem Vertreter, dem Priester, oder von seinem Boten, dem »Fremdling«). Durch die Opferung dieses ersten Kindes gab man dem Gotte nur, was ihm gehörte. Das junge Blut vermehrte so die erschöpfte Kraft des Gottes (denn die sogenannten Fruchtbarkeitsgötter erschöpften ihre eigene Substanz in der dauernden Anstrengung, die Welt zu erhalten und ihr die Fülle zu sichern. Sie brauchten also selbst eine periodische Erneuerung). Und in einem gewissen Sinn war ja auch Isaak ein Sohn Gottes, da er Abraham und Sarah geschenkt wurde, als diese eigentlich schon keine Kinder mehr bekommen konnte. Aber Isaak war ihnen wegen ihres »Glaubens« gegeben worden; er war der Sohn der Verheißung und des Glaubens. Seine Opferung durch Abraham, mag sie formell allen Opferungen Neugeborener in der altsemitischen Welt auch zu vergleichen sein, unterscheidet sich von ihnen doch grundlegend durch den Inhalt. Während damals für die ganze altsemitische Welt ein solches Opfer trotz seiner religiösen Funktion doch einzig eine *Sitte* war, ein Ritus, dessen Sinn völlig einleuchtete, ist es im Falle Abrahams doch ein *Akt des Glaubens*. Abraham *begreift*

nicht, warum dies Opfer von ihm verlangt wird, und trotzdem vollzieht er es, weil es der Herr ist, der es von ihm verlangt. Durch diese scheinbar absurde Handlung begründet Abraham eine neue religiöse Erfahrung, den *Glauben*. Die anderen (die ganze orientalische Welt) fahren fort, sich in einer Ökonomie des Heiligen zu bewegen, die von Abraham und seinen Nachfolgern verlassen wird. Ihre Opfer gehörten – um Kierkegaards Terminologie zu gebrauchen – dem »Allgemeinen« an, das heißt, sie waren auf archaische Theophanien gegründet, in denen es sich um nichts anderes handelte als um den Umlauf der heiligen Kraft durch den Kosmos (von der Gottheit zur Natur und zum Menschen, dann vom Menschen – durch das Opfer – wieder zur Gottheit, usw.). Es waren Akte, die ihre Rechtfertigung in sich selbst fanden; sie fügten sich einem logischen und zusammenhängenden System ein: was einmal Gott gehört hatte, mußte zu ihm zurückkehren. Für Abraham war Isaak ein *Geschenk* des Herrn und nicht das Erzeugnis einer direkten und substantiellen Empfängnis. Zwischen Gott und Abraham öffnete sich ein Abgrund, ein radikaler Bruch der Kontinuität. Die religiöse Handlung Abrahams leitet eine neue religiöse Dimension ein: Gott offenbart sich als Person, als eine »völlig verschiedene« Existenz, die befiehlt, begnadigt, fordert ohne irgendeine rationale Rechtfertigung (also ohne allgemeine und vorhersehbare) und für die *nichts unmöglich ist*. Diese neue religiöse Dimension macht erst den »Glauben« möglich.

Wir haben dieses Beispiel angeführt, um das *Neue* der jüdischen Religion in der Beziehung zu den überlieferten Strukturen ins rechte Licht zu rücken. Wie die Erfahrung Abrahams angesehen werden kann als eine neue religiöse Stellung des Menschen im Kosmos, so enthüllen sich durch den Messianismus und das Prophetentum im Bewußtsein der jüdischen Eliten die geschichtlichen Vorgänge als eine Dimension, die sie bis dahin nicht besaßen: der historische Vorgang wird zu einer Theophanie, in der sich der Wille Jahwes ebenso wie die *persönlichen* Bindungen zwischen ihm und dem Volk offenbaren, das er auserwählt hat. Die gleiche Vorstellung, bereichert um die Ergebnisse der Christologie, dient später als Grundlage zur Philosophie der Geschichte, die das Christentum, angefangen mit dem heiligen Augustin, zu errichten sich bemüht. Aber, wir wiederholen es, im Christentum wie im Judentum bringt diese neue Dimension der religiösen Erfahrung, der *Glaube*, nicht eine radikale Veränderung der überlieferten Vorstellungen mit sich. Der Glaube ist nur *möglich gemacht* für jeden einzelnen Christen. Die überwiegende Mehrheit der sogenannten christlichen Völker fährt bis in unsere Zeit fort, sich vor der Geschichte zu bewahren, indem sie über sie hinwegsieht und sie lieber erträgt, als daß sie ihr die Bedeutung einer »negativen« oder »positiven« Theophanie zubilligte.[7]

Die Annahme und Wertung der Geschichte durch die jüdischen Eliten bedeutet also nicht, daß die überlieferte Haltung, die wir im vorhergehenden Kapitel betrachtet haben, überwunden wäre. Die messianischen Glaubensvorstellungen über eine endliche Regeneration der Welt lassen auch wieder eine *antihistorische* Haltung deutlich werden. Da der Jude die Geschichte nicht mehr unbeachtet lassen oder sie vernichten kann, erträgt er sie in der Hoffnung, sie werde eines *mehr oder weniger fernen Tages endgültig aufhören.* Das Unumstößliche der geschichtlichen Ereignisse und der Zeit wird durch die Begrenzung der Geschichte in der Zeit kompensiert. Im geistigen Blickfeld des Messianismus wird der Widerstand gegen die Geschichte also fester als im überlieferten Bereich der Archetypen und der Wiederholungen. Wenn hier die Geschichte abgelehnt, übersehen oder durch die periodische Wiederholung der Schöpfung und durch die periodische Regeneration der Zeit vernichtet wurde, so muß in der messianischen Vorstellung die Geschichte ertragen werden, weil sie eine eschatologische Tendenz hat. Aber sie kann wiederum nur ertragen werden, weil man weiß, daß sie eines schönen Tages ganz zu Ende sein wird. Die Geschichte wird so nicht durch das Bewußtsein vernichtet, in einer ewigen Gegenwart zu leben (Zusammenfall mit dem außerzeitlichen Augenblick, in dem die Archetypen offenbart wurden), und auch nicht durch das Mittel eines periodisch wiederholten Ritus (z.B. Riten des Jahresbeginns usw.), sondern sie wird *in der Zukunft* vernichtet. Die periodische Regeneration der Schöpfung wird ersetzt durch eine *einzige* Regeneration, die in einem künftigen *illud tempus* stattfinden wird. Aber der Wille, der Geschichte auf eine endgültige Weise ein Ende zu bereiten, ist ebenfalls eine antihistorische Haltung, nicht weniger, als es die überlieferten Vorstellungen waren.

3. Die kosmischen Zyklen und die Geschichte

Nirgendwo wird uns die Bedeutung, die der »Geschichte« im Rahmen der verschiedenen archaischen Kulturen beigelegt wird, deutlicher als in den Theorien vom »Großen Jahr«, das heißt von den großen kosmischen Zyklen, die wir im vorhergehenden Kapitel flüchtig erwähnt haben. Wir müssen wieder darauf zurückkommen, denn dort schälen sich zum ersten Male zwei verschiedene Orientierungen heraus: bei der einen handelt es sich um die traditionelle, wie sie (ohne irgendwann klar formuliert worden zu sein) von den »primitiven« Kulturen vorausgeahnt wurde, also die Vorstellung von der zyklischen Zeit, die sich *ad infinitum* periodisch regeneriert. Die andere, »moderne«, spricht von der Zeit, die ein Ende hat und (obwohl auch sie zyklisch ist) nur als Fragment zwischen zwei zeitlosen Unendlichkeiten ausgespannt ist.

Fast überall treten diese Theorien vom »Großen Jahr« in Begleitung des Mythos von den aufeinanderfolgenden Zeitaltern auf, wobei das »Goldene Zeitalter« immer am Anfang des Zyklus, nahe bei dem beispielhaften *illud tempus*, steht. In beiden Doktrinen – derjenigen von der unendlichen zyklischen Zeit und derjenigen von der endlichen zyklischen Zeit – ist dieses Goldene Zeitalter wieder erreichbar. Mit andern Worten, es ist *wiederholbar*, unendlich oft für die erste Doktrin, ein einziges Mal für die andere. Wir erinnern an diese Dinge nicht wegen ihrer eigenen Bedeutung, die zweifellos beträchtlich ist, sondern um den Sinn der »Geschichte« vom Blickpunkt jeder Doktrin aus klarzumachen. Wir beginnen mit der indischen Überlieferung, denn in ihr hat der Mythos von der ewigen Wiederholung seinen kühnsten Ausdruck gefunden. Der Glaube an die periodische Zerstörung und Schöpfung des Weltalls findet sich schon im *Atharva-Veda* (x, 8, 39-40). Die Bewahrung ähnlicher Vorstellungen in der germanischen Überlieferung (Weltbrand, *ragnarök*, dem eine neue Schöpfung folgt) bekräftigt die indo-arische Struktur dieses Mythos, der daher als eine der zahlreichen Varianten des Archetypus gelten kann, den wir im vorhergehenden Kapitel untersucht haben. (Die eventuellen orientalischen Einflüsse auf die germanische Mythologie zerstören nicht notwendig die Authentizität und den autochthonen Charakter des Mythos von *ragnarök.* Es wäre übrigens schwierig zu erklären, warum nicht auch die Indo-Arier seit der Zeit ihrer gemeinsamen Vorgeschichte die gleiche Auffassung von der Zeit gehabt haben wie die anderen »Primitiven«.)

Das indische Denken bereichert und orchestriert die Rhythmen indessen, nach denen sich die periodische Abfolge der kosmischen Schöpfungen und Zerstörungen richtet. Die Maßeinheit des kleinsten Zyklus ist das *yuga*, das Zeitalter. Einem *yuga* gehen voraus und folgen eine »Morgenröte« und eine »Dämmerung«, die die »Zeitalter« miteinander verbinden. Ein vollständiger Zyklus oder *maha-yuga* setzt sich aus vier »Zeitaltern« ungleicher Dauer zusammen, unter denen das längste am Beginn des Zyklus und das kürzeste an seinem Ende steht. So dauert das erste »Zeitalter«, das *krita-yuga*, 4000 Jahre, vermehrt um vierhundert Jahre einer »Morgenröte« und ebenso viele einer »Dämmerung«. Darauf folgen das *tretâ-yuga* mit 3000 Jahren, das *dvâpara-yuga* mit 2000 und das *kali-yuga* mit 1000 Jahren (vermehrt natürlich um die »Morgenröten« und »Dämmerungen« eines jeden). Ein *maha-yuga* dauert also 12000 Jahre (*Manu* I, 69ff.; *Mahâbhârata* III, 12, 826). Der fortschreitenden Zeitverringerung eines jeden neuen *yuga* entspricht auf der Ebene des Menschen eine Verringerung der Lebensdauer, die von einer Lokkerung der Sitten und einem Abstieg der Intelligenz begleitet wird. Diese Dekadenz setzt sich auf allen Ebenen fort – biologisch, intellektuell, ethisch, sozial usw. – und gewinnt besonders scharfe Umrisse in den puranischen Texten (vgl. z.B. *Vâyu-Purâna* I, 8; *Vishnu-Purâna* VI, 3). Der Übergang von einem *yuga* zum andern erfolgt, wie wir gesehen haben, im Laufe einer »Dämmerung«, die auch innerhalb des jeweiligen *yuga* ein Decrescendo darstellt und deren jede in einer

Etappe der Finsternisse endigt. Je mehr man sich dem Ende des Zyklus nähert, also dem vierten und letzten *yuga*, um so dichter werden die »Finsternisse«. Das *kali-yuga*, in dem wir uns jetzt befinden, wird übrigens als das »Zeitalter der Finsternisse« betrachtet. Der ganze Zyklus endigt in einer »Auflösung«, *pralaya*, die sich radikaler (*mahâpralaya*, die »große Auflösung«) am Schluß des tausendsten Zyklus wiederholt.

H. Jacobi[8] nimmt zu Recht an, daß in der ursprünglichen Lehre ein *yuga* einem vollständigen Zyklus entsprach, die Geburt, die »Abnutzung« und die Zerstörung des Weltalls umfassend. Eine solche Lehre war übrigens dem archetypalen Mythos lunarer Struktur näher, wie wir im *Traité d'histoire des religions* dargelegt haben. Das spätere Denken hat den primordialen Rhythmus »Schöpfung–Zerstörung–Schöpfung« nur bereichert und ins Unendliche hinein fortgesetzt, indem es die Zeiteinheit des *yuga* in immer ungeheurere Zyklen projizierte. Die 12000 Jahre eines *mahâ-yuga* wurden als ein Jahr eines göttlichen Jahres angesehen, deren jedes aus 360 Einzeljahren bestand – das ergibt zusammen 4320000 durchschnittliche Jahre für einen einzigen kosmischen Zyklus. Tausend solcher *mahâ-yuga* ergeben ein *kalpa*, 14 *kalpa* ergeben ein *manvantâra*. Ein *kalpa* entspricht einem Tag im Leben Brahmas, ein anderes *kalpa* einer Nacht. Aus hundert solcher »Jahre« Brahmas besteht sein Leben. Aber auch diese beträchtliche Lebenszeit Brahmas kann die Zeit noch nicht ausschöpfen, denn die Götter sind nicht ewig, und die Schöpfungen und Zerstörungen des Kosmos folgen sich *ad infinitum*. (Übrigens erweitern andere Berechnungssysteme die entsprechenden Zeiten noch in weit größerem Maßstab.)

Was man aus dieser Zahlenlawine[9] festhalten muß, ist der zyklische Charakter der kosmischen Zeit. In der Tat erleben wir die unendliche Wiederholung desselben Phänomens (Schöpfung–Zerstörung–neue Schöpfung), wie sie in jedem *yuga* (mit »Morgenröte« und »Dämmerung«) vorweggenommen, aber vollständig erst in einem *mahâ-yuga* verwirklicht wird. Das Leben Brahmas umfaßt so 2 560 000 dieser *mahâ-yuga*, jedes davon durchschreitet die gleichen Etappen (*krita, treta, dvâpara, kali*) und endet in einem *pralaya, ragnarök* (»endgültige« Zerstörung im Sinne einer Rücknahme aller Formen in eine amorphe Masse, die am Ende eines jeden *kalpa* im *mahâpralaya* statthat). Unsere Aufmerksamkeit verdient nicht nur die metaphysische Abwertung der *Geschichte* – die allein schon durch ihre Dauer und im Verhältnis zu ihr eine Abnutzung aller *Formen* mit sich bringt, indem sie ihre ontologische Substanz erschöpft; unser Interesse wird auch nicht nur durch den Mythos von der *Perfektion der Anfänge* gefesselt, dem wir hier begegnen (Mythos vom Paradies, das schrittweise verlorengeht, und zwar dadurch, daß es sich *verwirklicht*, *Gestalt gewinnt* und *dauert*). Unsere besondere Beachtung in dieser Zahlenorgie verdient die ewige Wiederkehr des fundamentalen Rhythmus des Kosmos: seine periodische Zerstörung und Wiedererschaffung. Aus diesem Kreis ohne Anfang und Ende kann der Mensch sich nur durch einen Akt geistiger Freiheit losmachen (denn alle soteriologischen Lösungen Indiens beschränken sich auf die vorläufige Befreiung von der kosmischen Illusion und auf die geistige Freiheit).

Die beiden großen Heterodoxien, der Buddhismus und der Jainismus, übernehmen in großen Zügen dieselbe allindische Lehre von der zyklischen Zeit und vergleichen sie einem Rad mit zwölf Speichen (dieses Bild wird schon in den vedischen Texten gebraucht, vgl. *Atharva-Veda* x, 8,4; *Rig-Veda* I, 164, 115 usw.). Der Buddhismus nimmt als Zeiteinheit für die kosmischen Zyklen das *kalpa* an (Pâli: *kappa*), das in eine variierende Anzahl von »Unberechenbaren« (*asamkhyeya*; Pâli: *asankheyya*) eingeteilt wird. Die Pâli-Quellen sprechen im allgemeinen von vier *asankheyya* und von hunderttausend *kappa* (vgl. z.B. *Jâtaka* I, p. 2); in der Literatur des Mahayana variiert die Zahl der »Unberechenbaren« zwischen 3,7 und 33, und sie werden in Verbindung gebracht mit der Laufbahn des Bodhisattva in jedem einzelnen Kosmos.[10] Die fortschreitende Dekadenz des Menschen wird in der buddhistischen Überlieferung durch eine andauernde Verminderung der menschlichen Lebensdauer markiert. So betrug nach *Dîgha-nikâya* II, 2-7, in der Zeit des ersten Buddha, Vipassi, der vor 91 *kappa* erschien, die Dauer des menschlichen Lebens 80000 Jahre; in der Zeit des zweiten Buddha, Sikhi (vor 31 *kappa*), noch 70000 Jahre, usw. Der siebte Buddha, Gautama, erscheint, als das Leben des Menschen nur noch 100 Jahre zählt, das heißt an seine äußerste Grenze gelangt ist. (Wir finden das gleiche Motiv auch in den iranischen und christlichen Apokalypsen wieder.) Trotzdem ist für den Buddhismus, wie für das gesamte indische Denken, die Zeit unbegrenzt; und der Bodhisattva verkörpert sich, um allen Wesen die gute Kunde vom Heil *in aeternum* zu bringen. Die einzige Möglichkeit, der Zeit zu entrinnen, den eisernen Kreis der Existenzen zu durchbrechen, ist die Vernichtung der menschlichen Situation und die Eroberung des Nirvana.[11] Übrigens besitzen auch alle diese »Unberechenbaren« und alle diese zahllosen Äonen ihre soteriologische Funktion. Die einfache Betrachtung ihres Panoramas erschreckt den Menschen und zwingt ihn, sich dessen bewußt zu werden, daß er milliardenmal diese selbe flüchtige Existenz wiederbeginnen und dieselben Leiden ertragen muß. Das stachelt seinen Willen zum Entrinnen an, das heißt, es treibt ihn, endgültig seine Situation als »Existierender« zu überwinden.

Die indischen Spekulationen über die zyklische Zeit machen mit einigem Nachdruck die »Ablehnung der Geschichte« deutlich. Betonen wir aber einen grundlegenden Unterschied zwischen ihnen und den archaischen Vorstellungen: Wo der Mensch der archaischen Kulturen die Geschichte durch die periodische Vernichtung der Schöpfung zurückweist, indem er so unaufhörlich im außerzeitlichen Augenblick des Anfangs lebt, verachtet der indische Geist in seinen äußersten Anspannungen diese selbe Reaktualisierung der Zeit des Anfangs und lehnt sie ab, da er darin keine wirksame Lösung des

Leidensproblems erblickt. Der Unterschied nun zwischen der vedischen Anschauung (also der archaischen und »primitiven«) und der des Mahayana hinsichtlich des kosmischen Zyklus ist, um es summarisch zu sagen, derselbe, der die anthropologische archetypale (überlieferte) Stellung von der existentialistischen (geschichtlichen) Stellung trennt. Das *karma*, Gesetz der universellen Kausalität, rechtfertigte zwar die menschliche Situation und setzte die geschichtliche Erfahrung in Rechnung, konnte also dem vorbuddhistischen indischen Bewußtsein Trost bringen, wird aber mit der Zeit geradezu das Symbol der »Sklaverei« des Menschen. Das ist der Grund, warum alle indischen Metaphysiken und Techniken, soweit sie die Befreiung des Menschen erstreben, das *karma* zu vernichten suchen. Aber wenn die Lehren von den kosmischen Zyklen nur eine Illustrierung der Theorie von der universalen Kausalität bildeten, brauchten wir sie in diesem Zusammenhang nicht zu erwähnen. Die Vorstellung von den vier *yuga* bringt aber wirklich ein neues Moment mit sich: die Erklärung (und also die Rechtfertigung) der geschichtlichen Katastrophen, der fortschreitenden Dekadenz der menschlichen Biologie, Soziologie, Ethik und Geistigkeit. Durch die Tatsache allein, daß sie eine *Dauer* ist, *erschwert die Zeit fortwährend die kosmische Situation und damit auch die menschliche.* Einfach, weil wir jetzt im *kali-yuga* leben, also in einem »Zeitalter der Finsternisse«, das unter dem Zeichen der Zersetzung fortschreitet und schließlich in einer Katastrophe enden muß, ist es unser Los, mehr zu leiden als die Menschen der früheren »Zeitalter«. *Jetzt,* in *unserem* geschichtlichen Augenblick, können wir nichts anderes erwarten; höchstens können wir (und hier wird die soteriologische Funktion des *kali-yuga* deutlich und zugleich das Vorrecht, das uns eine Geschichte der Dämmerung und der Katastrophen einräumt) uns der kosmischen Knechtschaft entwinden. Die indische Theorie von den vier Zeitaltern ist also trostreich und kräftigend für den unter dem Terror der Geschichte lebenden Menschen. In der Tat: 1. die Leiden, denen er unterworfen ist, weil er Zeitgenosse der zersetzenden Dämmerung ist, helfen ihm, das Unerfreuliche seiner menschlichen Situation zu *begreifen, und erleichtern so seine Befreiung*. 2. Die Theorie macht anderseits gültig und rechtfertigt die Leiden desjenigen, der nicht die Wahl trifft, sich zu befreien, sondern resigniert seine Existenz auf sich nimmt. Und das gerade durch den Umstand, daß er sich der dramatischen und katastrophischen Struktur der Epoche bewußt geworden ist, in der er zu leben hat (oder, genauer gesagt, in der er wieder zu leben hat).

Diese zweite Möglichkeit, sich damit abzufinden, daß man in einer »Zeit der Finsternisse« und am Ende eines Zyklus lebt, zieht unsere Aufmerksamkeit in besonderem Maße auf sich. Man findet Entsprechendes in anderen Kulturen und zu anderen Zeiten. Zeitgenosse einer unglückseligen Epoche zu sein, indem man sich klar wird über den Platz, den diese Epoche in der Bahn des kosmischen Zyklus einnimmt, bedeutet schon eine Haltung, die vor allem während der Dämmerung der griechisch-orientalischen Kultur ihre Wirksamkeit beweisen konnte.

Wir haben uns hier nicht mit den vielfältigen Problemen zu befassen, die von den orientalisch-hellenistischen Kulturen aufgeworfen werden. Der einzige Aspekt, der uns angeht, ist die *Situation*, die der Mensch dieser Kulturen sich gegenüber der Geschichte zuerkennt, und besonders natürlich gegenüber der Geschichte, deren Zeitgenosse er ist. Deshalb halten wir uns nicht beim Ursprung, der Struktur und der Entwicklung der verschiedenen kosmischen Systeme auf, in denen der alte Mythos von den kosmischen Zyklen wiederaufgenommen und vertieft wird; auch gehen wir nicht näher auf ihre philosophischen Konsequenzen ein. Wir erinnern hier nur an diese kosmologischen Systeme – von den Vorsokratikern bis zu den Neupythagoreern –, soweit sie auf die folgende Frage antworten: Was ist der Sinn der Geschichte, also der Gesamtheit der menschlichen Erfahrungen, die durch die geographischen Bedingtheiten, die sozialen Strukturen, die politischen

Umstände usw. hervorgerufen werden? Bemerken wir allerdings von vornherein, daß diese Frage einen Sinn nur für eine sehr kleine Minderheit in der Zeit der orientalisch-hellenistischen Kulturen besaß, für diejenigen nämlich, die sich nicht mehr mit dem Bereich der archaischen Geisteswelt identifizieren konnten. Die erdrückende Mehrheit ihrer Zeitgenossen lebte, besonders zu Anfang, noch unter der Herrschaft der Archetypen. Sie ließen sie erst sehr spät hinter sich (und vielleicht nie vollkommen, wie z.B. die ländlichen Gemeinschaften), nämlich im Laufe starker historischer Spannungen, die von Alexander verursacht wurden und die beim Untergang Roms kaum zu Ende waren. Aber die philosophischen Mythen und Kosmologien, die von dieser Minderheit mehr oder weniger wissenschaftlich erarbeitet wurden – einer Minderheit, die mit den Vorsokratikern beginnt –, erfuhren mit der Zeit eine ungeheure Verbreitung. Was im fünften vorchristlichen Jahrhundert eine schwer zugängliche Gnosis war, wurde vier Jahrhunderte später eine Lehre, die Hunderttausende von Menschen tröstete (Zeuge dafür z.B. der Neupythagoreismus und die neue Stoa in der römischen Welt). Ohne Frage wegen ihres »Erfolges« und nicht eigentlich wegen ihres inneren Verdienstes interessieren uns alle diese griechisch-orientalischen Lehren, die auf dem Mythos von den kosmischen Zyklen basieren.

Dieser Mythos war in den ersten vorsokratischen Spekulationen noch sichtbar. Anaximander weiß, daß alle Dinge aus dem *apeiron* geboren sind und zu ihm zurückkehren werden. Empedokles erklärt durch die wechselnde Vorherrschaft der beiden entgegengesetzten Prinzipien *philia* und *neikos* die ewigen Schöpfungen und Zerstörungen des Kosmos (in dessen Zyklus sich vier Phasen unterscheiden lassen[17], etwa ähnlich den vier »Unberechenbaren« der buddhistischen Lehre). Der Weltbrand wird, wie wir gesehen haben, gleichermaßen auch von Heraklit übernommen. Was nun die »ewige Wiederkehr« angeht – die periodische Wiederaufnahme der früheren Existenzen durch alle Wesen –, so bildet sie eines der wenigen Dogmen, von denen wir mit einiger Bestimmtheit wissen, daß sie zum primitiven Pythagoreismus gehörten.[13] Schließlich erscheint es nach neueren Forschungen, die J. Bidez[14] in bewundernswerter Weise ausgewertet und in einen Zusammenhang gebracht hat, immer wahrscheinlicher, daß zumindest gewisse Elemente des Platonischen Systems iranisch-babylonischer Herkunft sind. Wir werden auf diese etwaigen orientalischen Einflüsse noch zu sprechen kommen. Für den Augenblick aber wollen wir bei der Interpretation stehenbleiben, die Platon vom Mythos der zyklischen Wiederkehr gibt, vor allem in dem grundlegenden Text *Politikos* (269 c f.). Platon findet den Grund für den Rückgang und die kosmischen Katastrophen in einer doppelten Bewegung des Universums: »... Dieses Ganze hilft auf seiner Bahn bisweilen Gott selbst mitführen und drehen, bisweilen läßt er es wieder los, wenn seine Umläufe das ihm gebührende Zeitmaß schon erlangt haben. Dann aber wendet es sich von selbst wieder um nach der entgegengesetzten Seite, als ein Lebendiges, dem auch Vernunft zugeteilt ist.« Dieser Richtungswechsel wird von gigantischen Kataklysmen begleitet: »Die größten Vernichtungen also entstehen alsdann notwendig sowohl unter den anderen Tieren, als auch von dem menschlichen Geschlecht bleibt nur wenig übrig« (270 c). Aber dieser Katastrophe folgt eine paradoxe »Regeneration«. Die Menschen werden jung; »die weißen Haare der Alten schwärzten sich« usw., während die jungen Leute von Tag zu Tag kleiner wurden, auf die Größe eines Neugeborenen zurückgingen. »Nach diesem aber welkten sie zusehends und verschwanden gänzlich.« Und »die Leichname der zur selben Zeit gewaltsam Verstorbenen trafen die nämlichen Zufälle der Reihe nach insgesamt, so daß sie sich in der Schnelligkeit in wenigen Tagen verzehrten« (270 e). Zu dieser Zeit wurde das Geschlecht der »Söhne der Erde« geboren (*gegeneis*), deren Andenken von den Ahnen bewahrt worden ist (271 a). Während dieser Epoche des Chronos gab es keine wilden Tiere und auch keine Feindschaft zwischen den Tieren (271 e). Die Männer dieser Zeit hatten weder Frauen noch Kinder: »aus der Erde lebten sie alle auf, ohne sich des Vorherigen zu erinnern«. Die Bäume gaben ihnen Früchte im Überfluß, und sie schliefen nackt auf der Erde, ohne Betten notwendig zu haben, denn die Jahreszeiten waren gemäßigt (272 a).

Der Mythos vom primordialen Paradies, den Platon beschwört und der in den indischen Glaubensvorstellungen durchscheint, ist auch den Juden bekannt (zum Beispiel das messianische *illud tempus* bei Jesaia 9,6,8; 65,25) wie den iranischen Überlieferungen (*Dînkart* VII, 9,3-5, usw.) und wie auch den griechisch-lateinischen.[15] Er fügt sich übrigens vollkommen in die archaische (und wahrscheinlich allgemeine) Vorstellung von den »paradiesischen Anfängen« ein, die wir in allen Wertungen dieses primordialen *illud tempus* finden. Daß Platon solche überlieferten Visionen in den Dialogen seiner Alterszeit erneuert, ist nicht erstaunlich; die Entwicklung seines philosophischen Denkens selbst zwang ihn, die mythischen Kategorien wiederzuentdecken. Er hatte gewiß die Erinnerung an das »Goldene Zeitalter« des Chronos in der griechischen Überlieferung zur Hand (vgl. z. B. die Beschreibung der vier Zeitalter durch Hesiod, *Erga* 110f.). Diese Feststellung übrigens hindert uns nicht im geringsten, im *Politikos* auch gewisse babylonische Einflüsse anzunehmen: wenn Platon zum Beispiel die periodischen Kataklysmen auf die planetarischen Umdrehungen zurückführt – eine Erklärung, die neue Forschungen[16] von den astronomischen Spekulationen der Babylonier herleiten, die später der hellenischen Welt durch Berossos zugänglich wurde. Nach dem *Timaios* sind die Teilkatastrophen der planetarischen Bahnabweichung zuzuschreiben (vgl. *Timaios* 22 d und 23 e, die von dem Priester von Sais erwähnte Sintflut), während der Augenblick, in dem sich alle Planeten vereinigen, die »vollendete Zeit« darstellt (*Timaios* 39 d), das bedeutet das Ende des »Großen Jahres«. Wie J. Bidez bemerkt, ist »die Vorstellung, daß es genügt, wenn die Planeten alle eine Konjunktion eingehen, um eine Allumwälzung hervorzurufen, sicherlich chaldäischen Ursprungs«.[17] Anderseits scheint Platon gleichfalls Kenntnis gehabt zu haben von der iranischen Vorstellung, nach der die Reinigung des Menschengeschlechts das Ziel dieser Katastrophen ist (*Timaios* 22 d).

Die Stoiker nahmen auf eigene Rechnung die Spekulationen über die kosmischen Zyklen wieder auf, indem sie auf die ewige Wiederkehr näher eingingen[18] oder auf die Katastrophe, *ekpyrosis*, in der die kosmischen Zyklen zu Ende gehen.[19] Die Stoa ließ sich dabei von Heraklit oder direkt von der orientalischen Gnosis inspirieren und vulgarisierte alle diese Vorstellungen hinsichtlich des »Großen Jahres« und des kosmischen Feuers (*ekpyrosis*), das dem All periodisch ein Ende bereitet, damit es sich erneuern kann. Im Laufe der Zeit kommt es dazu, daß die Motive der »ewigen Wiederkehr« und des »Weltendes« die ganze griechisch-römische Kultur beherrschen. Die periodische Erneuerung der Welt (*metakosmesis*) war übrigens eine Lieblingsdoktrin des Neupythagoreismus, der – wie es J. Carcopino gezeigt hat – sich mit dem Stoizismus den Beifall der gesamten römischen Gesellschaft im zweiten und letzten Jahrhundert vor Christus teilte. Aber die Annahme des Mythos von der »ewigen Wiederholung« wie auch des Mythos von der *Apokatastase* (der Begriff dringt nach der Zeit Alexanders des Großen in die hellenistische Welt ein) stellen zwei philosophische Haltungen dar, die eine sehr feste antigeschichtliche Stellung sichtbar werden lassen und dazu einen Willen zur Verteidigung gegen die Geschichte. Wir werden bei jeder von ihnen verweilen.

Im vorhergehenden Kapitel bemerkten wir, der Mythos von der ewigen Wiederholung, so wie er durch das griechische Denken reinterpretiert worden ist, habe zum Sinn einen äußersten Versuch zur »Statisierung« des Werdens, zur Annullierung der Unumstößlichkeit der Zeit. Da alle Augenblicke und alle Situationen des Kosmos sich unaufhörlich wiederholen, erweist sich ihre Vergänglichkeit in letzter Analyse als nur scheinbar; unter dem Aspekt der Unendlichkeit *bleiben* jeder Augenblick und jede Situation *an ihrem Platz*, und sie gewinnen so den ontologischen Charakter des Archetypus. Wie alle andern Formen des Werdens ist also auch das geschichtliche Werden mit *Sein* gesättigt. Unter dem Gesichtspunkt der ewigen Wiederholung verwandeln sich die geschichtlichen Ereignisse in Kategorien und gewinnen so den ontologischen Charakter wieder, den sie im Bereich der archaischen Geisteswelt besaßen. In einem gewissen Sinn kann man sogar sagen, die griechische Vorstellung von der ewigen Wiederkehr sei die letzte Variante des archaischen Mythos von der Wiederholung einer archetypischen Handlung, ebenso wie die Platonische Ideenlehre die letzte und am stärksten ausgearbeitete Version der Vorstellung vom Archetypus. Und es ist nicht unwichtig, darauf hinzuweisen, daß diese beiden Lehren ihren vollkommensten Ausdruck in der Blütezeit des griechischen Denkens gefunden haben.

Vor allem aber der Mythos vom Weltbrand hat in der ganzen griechisch-orientalischen Welt einen beträchtlichen Erfolg errungen. Es wird immer wahrscheinlicher, daß der Mythos von der Vernichtung der Welt durch Feuer, aus der die Guten ungeschädigt hervorgehen, iranischer Herkunft ist (vgl. z.B. *Bundahishn* xxx, 18), zumindest in der den »okzidentalen Magiern« bekannten Form, die ihn im Westen verbreitet haben, wie Cumont gezeigt hat.[20] Die Stoa, die Sibyllinischen Orakel (z.B. II, 253) und die jüdisch-christliche Literatur machen diesen Mythos geradezu zur Grundlage ihrer Apokalypse und ihrer Eschatologie. So sonderbar es auch erscheinen mag, dieser Mythos war tröstlich. Denn das Feuer erneuert doch die Welt, durch seine Kraft erhebt sich wieder eine neue Welt, ohne Alter, Tod, Zerfall und Verwesung, ewig lebend, ewig wachsend, zu einer Zeit, wenn die Toten sich erheben werden, die Unsterblichkeit zu den Lebenden kommen und die Welt sich wunschgemäß erneuern wird (*Yasht* XIX, 14, 89).[21] Es handelt sich folglich um eine *apokatastasis*, von der die Guten nichts zu befürchten haben. Die endliche Katastrophe wird der *Geschichte* ein Ende bereiten, den Menschen also in die Ewigkeit und Glückseligkeit wieder einsetzen.

Die neueren Forschungen F. Cumonts und H. S. Nybergs[22] haben die Dunkelheit der iranischen Eschatologie ein wenig aufhellen und ihre Einflüsse auf die jüdisch-christliche Apokalypse genauer bestimmen können. Ähnlich wie Indien (und in einem gewissen Sinn auch Griechenland) kannte der Iran den Mythos von den vier Weltzeitaltern. Ein verlorener mazdaistischer Text, *Sudkar-nask* (dessen Inhalt aber in *Dînkart* IX, 8 bewahrt wurde), sprach von den vier Zeitaltern: von dem goldenen, dem silbernen, dem stählernen und dem »mischeisernen«. Dieselben Metalle werden am Beginn der *Bahman-Yasht* (I, 3) genannt, wo indessen ein wenig später (II, 14) ein kosmischer Baum mit sieben Zweigen beschrieben wird (Gold, Bronze, Silber, Kupfer, Zinn, Stahl und eine »Eisenmischung«), der in der siebenfachen mythischen Geschichte der Perser seine Entsprechung hat.[23] Die Vorstellung von dieser kosmischen Siebener-Woche hat sich zweifellos in Verbindung mit den chaldäischen astrologischen Lehren gebildet, nach denen jeder Planet ein Jahrtausend »beherrscht«. Aber der Mazdaismus hatte lange vorher dem All schon eine Dauer von 9000 Jahren zugerechnet (3 mal 3000), während der Zervanismus, wie Nyberg gezeigt hat[24], die Maximaldauer dieses Alls mit 12000 Jahren annahm. In den beiden iranischen Systemen – wie übrigens in allen Lehren von den kosmischen Zyklen – findet die Welt ihr Ende durch Feuer und Wasser, *per pyrosim et cataclysmum*, wie sehr viel später Firmicus Maternus (III, 1) schreiben sollte. Auf einige damit zusammenhängende Fragen brauchen wir hier nicht weiter einzugehen: daß z.B. im zervanitischen System die »unbegrenzte Zeit«, *Zarvan akarana*, den 12000 Jahren der von Ormuzd geschaffenen »begrenzten Zeit« vorhergeht und folgt; daß in diesem System »die Zeit mächtiger sei als die beiden Schöpfungen«[25], also die Schöpfungen Ormuzds und Ahrimans; und daß schließlich *Zarvan akarana* nicht durch Ormuzd geschaffen und ihm also auch nicht unterworfen ist.

Unterstreichen wollen wir dagegen, daß in der iranischen Vorstellung, ob ihr nun die unendliche Zeit folge oder nicht, *die Geschichte nicht ewig* ist; sie wiederholt sich nicht, sondern findet eines Tages ihr Ende in einer *ekpyrosis* und einer eschatologischen Katastrophe. Denn die Katastrophe, in der die Geschichte zu Ende gehen wird, stellt zugleich ein *Gericht* über diese Geschichte dar. Zu diesem Zeitpunkt – *in illo tempore* – werden alle Rechenschaft ablegen müssen über das, was sie »in der Geschichte« getan haben; und allein die keine Schuld auf sich geladen haben, werden die Glückseligkeit und Ewigkeit erfahren.[26]

Windisch hat die Wichtigkeit dieser mazdaistischen Vorstellungen für den christlichen Apologeten Laktanz aufgezeigt.[27] Die Welt wurde von Gott an sechs Tagen erschaffen, und am siebenten Tage ruhte er; deshalb wird die Welt sechs Äonen lang dauern, während deren auf der Erde »das Böse siegen und triumphieren wird«. Im Laufe des siebenten Jahrtausends wird der Fürst der Dämonen in Ketten gelegt werden und die Welt tausend Jahre der Ruhe und der vollkommenen Gerechtigkeit erleben. Danach wird der Dämon seine Ketten abschütteln und den Krieg gegen die Gerechten wiederaufnehmen; am Ende wird er doch besiegt werden, und gegen den Schluß des achten Jahrtausends wird die Welt für alle Ewigkeit wiedererschaffen werden. Natürlich war diese Unterteilung der Geschichte in drei Akte und acht Jahrtausende auch den christlichen Chiliasten bekannt[28], aber man kann nicht an der iranischen Struktur dieser Vorstellung zweifeln, selbst wenn eine ähnliche eschatologische Geschichtsauffassung durch die griechisch-orientalischen Gnosen im ganzen mediterranen Orient und im römischen Reich verbreitet war.

Eine Folge von Bedrängnissen kündet das Ende der Welt an, sie werden beginnen mit dem Fall Roms und der Zerstörung des römischen Reiches. Diese Prophezeiung findet sich häufig in der jüdisch-christlichen Apokalypse, ist aber auch den Iranern bekannt.[29] Die Apokalypse wird in allen diesen

Überlieferungen ähnlich betrachtet. Laktanz verkündet ebenso wie *Bahman-Yasht*, »das Jahr wird verkürzt, der Monat nimmt ab und der Tag zieht sich zusammen«[30]; und wir hören wieder die Vision von der kosmischen und menschlichen Verderbnis, der wir schon in Indien begegneten (wo das Menschenleben von 80000 Jahren auf hundert Jahre abnimmt) und der die astrologischen Lehren in der griechisch-orientalischen Welt zur Volkstümlichkeit verholfen haben. Dann werden die Berge zusammenfallen, und die Erde wird glatt werden, die Menschen werden nach dem Tod verlangen und die Toten beneiden, und nur jeder zehnte wird überleben. Wie Laktanz schreibt[31], ist es »eine Zeit, in der das Recht verworfen und die Unschuld verhaßt sein wird, in der die Schlechten ihre feindlichen Erpressungen gegen die Guten richten, in der die Ordnung, das Gesetz und die militärische Disziplin nicht mehr beachtet werden, in der niemand mehr Achtung haben wird vor dem weißen Haar, keine frommen Handlungen mehr erfüllen und nicht mehr sich der Frauen oder Kinder erbarmen wird«, usw. Aber nach diesem vorläufigen Stadium wird das reinigende Feuer herabkommen, das die Bösen vernichtet, und ihm wird das Jahrtausend der Glückseligkeit folgen, das die christlichen Chiliasten erwarteten und das Jesaia und die Sibyllinischen Orakel prophezeiten. Die Menschen werden ein neues Goldenes Zeitalter erleben, das bis zum Ende des siebenten Jahrtausends dauert; denn nach der letzten Schlacht wird eine allgemeine *ekpyrosis* das ganze Weltall in das Feuer einbeziehen. Dadurch wird die Geburt einer neuen Welt ermöglicht, die gerecht, ewig und glücklich ist und den astralen Einflüssen nicht ausgesetzt und von der Herrschaft der Zeit befreit sein wird.

Die Juden begrenzten ebenfalls die Dauer der Welt auf sieben Jahrtausende[32], aber die Rabbiner ermutigten niemals die Bestimmung des Weltendes durch mathematische Berechnungen. Sie gaben sich damit zufrieden festzustellen, eine Folge von kosmischen und geschichtlichen Bedrängnissen (Hungersnot, Trockenheiten, Kriege usw.) würde das Ende der Welt ankünden. Dann werde der Messias erscheinen, würden die Toten auferstehen (*Jesaia*, 24,19), Gott werde den Tod besiegen, und die Erneuerung der Welt werde folgen (*Jesaia* 65,17; *Buch der Jubiläen* 1,29 spricht sogar von einer neuen Schöpfung).[33]

Wir finden hier auch, wie überall in den herangezogenen apokalyptischen Lehren, das traditionelle Motiv der äußersten Dekadenz, das Motiv vom Triumph des Bösen und der Finsternis, die dem Wechsel des Äons und der Erneuerung des Kosmos vorausgehen. Ein babylonischer Text, übersetzt von A. Jeremias[34], sieht die Apokalypse folgendermaßen voraus: Wenn diese Dinge geschehen werden, dann wird, was durchsichtig ist, undurchsichtig werden, und was rein ist, wird schmutzig werden, die Verwirrung wird sich über die Völker ausdehnen, man wird keine Gebete mehr hören, die Auspizien werden ungünstig sein ... Unter einer solchen Herrschaft werden die Menschen sich gegenseitig verschlingen und ihre Kinder für Geld verkaufen, der Mann wird seine Frau verlassen und die Frau ihren Mann, und die Mutter wird die Tür ihrer Tochter verschließen. Ein anderer Hymnus verkündet, dann werde die Sonne sich nicht mehr erheben, der Mond werde nicht mehr aufsteigen, usw.

Aber in der babylonischen Vorstellung folgt auf diese Periode der Dämmerung stets eine neue paradiesische Morgenröte. Oftmals, wie es zu erwarten stand, wird die paradiesische Epoche durch die Krönung eines neuen Königs eröffnet. Assurbanipal betrachtet sich als Erneuerer des Kosmos, denn »seitdem die Götter in ihrer Güte mich auf den Thron meiner Väter gesetzt haben, hat Adad seinen Regen geschickt ... die Ernte war reichlich ... die Herden haben sich vermehrt« usw. Nebukadnezar sagt von sich selbst: »Eine Zeit der Fülle, Jahre des Überflusses habe ich meinem Land gebracht.« In einem hethitischen Text sagt Murshilish von der Regierungszeit seines Vaters: »... unter ihm ging es dem ganzen Land Khatti gut, und in seiner Zeit vermehrten sich Bevölkerung, Rinder und Schafe.«[35] Die Vorstellung ist archaisch und allgemein: man findet sie bei Homer, bei Hesiod, im Alten Testament, in China usw.[36]

Vereinfachend könnte man sagen, daß sowohl bei den Iranern wie bei den Juden und Christen die »Geschichte«, die dem Weltall zugefallen ist, begrenzt ist und daß das Ende der Welt mit der Vernichtung der Sünder, der Auferstehung der Toten und dem Sieg der Ewigkeit über die Zeit zusammenfällt. Aber wenn diese Lehre während des letzten Jahrhunderts vor und der ersten Jahrhunderte nach Christus auch immer populärer wird, so gelingt es ihr doch nicht, jene Lehre völlig aus der Überlieferung zu verdrängen, die von der periodischen Erneuerung der Zeit durch jährliche Wiederholung der Schöpfung spricht. Wir haben im vorhergehenden Kapitel gesehen, daß Spuren dieser Lehre sich bei den Iranern bis zu einem fortgeschrittenen Datum des Mittelalters bewahrt haben. Nachdem sie auch im prämessianischen Judentum eine beherrschende Rolle gespielt hatte, ist diese Lehre auch später nie völlig untergegangen; denn die rabbinischen Kreise zauderten, die von Gott dem Kosmos zugemessene Dauer zu bestimmen, und gaben sich mit der Erklärung zufrieden, *illud tempus* werde ganz gewiß eines Tages anbrechen. Im Christentum gibt anderseits schon die Evangelien-Überlieferung zu verstehen, daß die *basileia tou theou* bereits gegenwärtig ist »unter« (*entos*) denen, die glauben, und daß folglich *illud tempus* ewig gegenwärtig und durch *metanoia* jedem in jedem beliebigen Augenblick zugänglich ist. Da es sich um eine religiöse Erfahrung handelt, die von der überlieferten völlig verschieden ist, insofern es um den »Glauben« geht, entspricht der periodischen Erneuerung der Welt im Christentum eine Erneuerung der menschlichen Person. Aber für denjenigen, der an diesem ewigen *nunc* der Herrschaft Gottes teilhat, hört die »Geschichte« in ebenso totaler Weise auf wie für den Menschen der archaischen Kulturen, der sie periodisch vernichtet. Folglich kann auch für den Christen die Geschichte erneuert werden, für jeden Gläubigen und durch ihn selbst schon vor der Wiederkehr des Erlösers, durch die sie dann für die ganze Schöpfung in absoluter Weise aufhören wird.

Eine angemessene Erörterung der Revolution, die durch das Christentum in die Dialektik der Geschichtsvernichtung und der Befreiung aus der Umklammerung der Zeit getragen wird, würde uns zu sehr über die Grenzen dieser Untersuchung hinausführen. Bemerken wir nur, daß selbst im Rahmen der drei großen Religionen – der iranischen, jüdischen und christlichen –, die die Dauer des Kosmos auf eine bestimmte Anzahl von Jahrtausenden bestimmt haben und feststellen, die Geschichte werde *in illo tempore* endgültig aufhören – daß auch in diesen Religionen immer noch Spuren der alten Lehre von der periodischen Erneuerung der Geschichte zu finden sind. Mit andern Worten: die Geschichte kann schon beträchtlich oft vor der Verwirklichung des endlichen *eschaton* vernichtet und also auch wieder erneuert werden. Das liturgische Jahr des Christentums ist übrigens auf eine *periodische* und *wirkliche* Wiederholung der Geburt, des Leidens, Sterbens und der Auferstehung Jesu gegründet, mit allem, was dieses mystische Drama für den Christen mit sich bringt; das heißt die persönliche und kosmische Erneuerung durch die Reaktualisierung *in concreto* der Geburt, des Todes und der Auferstehung des Erlösers.

Wir haben alle diese griechisch-orientalischen Lehren, die sich mit den kosmischen Zyklen befassen, in der einen Absicht angeführt, die Antwort auf die Frage herauszufinden, die wir am Anfang des Kapitels gestellt hatten: *Wie ertrug* der Mensch die Geschichte? Die Antwort ist in allen diesen Systemen wahrnehmbar: durch seine Situation in einem kosmischen Zyklus schon – sei dieser nun einer Wiederholung fähig oder nicht – wird dem Menschen ein gewisses *historisches Schicksal* zugemessen. Denken wir daran, daß es hier um etwas anderes geht als um einen Fatalismus, welchen Sinn man diesem auch unterlegte, der Rechenschaft gäbe über Glück und Unglück eines jeden isoliert genommenen Individuums. Diese Lehren antworten auf die Fragen, die das Los der *gesamten zeitgenössischen Geschichte* und nicht nur das *individuelle Geschick* stellt. Eine bestimmte Leidensmenge ist der Menschheit vorbehalten (und unter dem Begriff »Menschheit« versteht jeder die Gesamtmasse der Menschen, von denen er weiß) durch die einfache Tatsache, daß sie sich in einem bestimmten geschichtlichen Augenblick befindet, also in einem kosmischen Zyklus, der im Abstieg begriffen oder seiner Vollendung nahe ist. Individuell ist jeder frei, sich diesem geschichtlichen Augenblick zu entziehen und sich über dessen unglückselige Folgen zu trösten, sei es durch die Philosophie, sei es durch die Mystik. (Es genügt, flüchtig auf die Menge der Gnosen, Sekten, Mysterien und Philosopheme zu verweisen, die im Lauf der Jahrhunderte voller geschichtlicher Spannung in die mediterran-orientalische Welt eingedrungen sind. Dabei ergibt sich von selbst die Vorstellung von der immer mächtiger anschwellenden Zahl derjenigen, die den Versuch machten, sich der »Geschichte« zu entziehen.) Der *historische Augenblick in seiner Totalität* konnte indessen nicht der Bestimmung entgehen, die ihm schicksalhaft aus seiner Position auf der absteigenden Laufbahn des Zyklus erwuchs. Wie jeder Mensch des *kali-yuga*, nach indischer Anschauung, aufgefordert ist, seine geistige Freiheit und Seligkeit zu suchen, ohne doch die endliche Auflösung dieser Dämmerungswelt in ihrer Totalität vermeiden zu können, ebenso kann nach den verschiedenen oben besprochenen Systemen der geschichtliche Augenblick trotz aller Ausweichmöglichkeiten, die er anbietet, in seiner Gesamtheit doch nichts anderes sein als tragisch, pathetisch, ungerecht, chaotisch usw.; denn jeder beliebige Augenblick, der der endgültigen Katastrophe vorausgeht, *muß so sein.*

Ein gemeinsamer Zug nähert in der Tat alle zyklischen Systeme einander, die in der griechisch-orientalischen Welt verbreitet waren: In der Perspektive eines jeden dieser Systeme stellt der geschichtliche Augenblick (unabhängig von seiner chronologischen Position) im Verhältnis zu den vorhergehenden historischen Augenblicken einen Abstieg dar. Nicht nur der zeitgenössische Äon ist den andern »Zeitaltern« (dem goldenen, silbernen usw.) unterlegen, sondern auch innerhalb des gegenwärtigen Zeitalters (also des aktuellen Zyklus) verschlechtert sich der »Augenblick«, in dem der Mensch lebt, im Maße der ablaufenden Zeit. Diese Tendenz zur Entwertung des gegenwärtigen Augenblicks darf nicht als ein pessimistisches Stigma aufgefaßt werden. Im Gegenteil, sie verrät eher ausgesprochenen Optimismus, denn in der Verschlimmerung der gegenwärtigen Situation erblickt doch zumindest ein Teil der Menschen die Vorzeichen einer Erneuerung, die notwendig folgen muß. Eine Reihe von militärischen Niederlagen und politischen Fehlschlägen wurde seit der Epoche des Jesaia ängstlich erwartet als unausweichliche Begleiterscheinung des messianischen *illud tempus*, das die Welt erneuern würde.

So verschieden die menschlichen Einstellungen allerdings auch sein mochten, sie trugen doch einen gemeinsamen Charakter: die Geschichte konnte ertragen werden, nicht nur, weil sie einen Sinn hatte, sondern auch, weil sie letztlich *notwendig* war. Für diejenigen, die an die Wiederholung des gesamten kosmischen Zyklus glaubten, und nicht weniger für diejenigen, die nur an einen einzigen, sich seinem Ende nähernden Zyklus glaubten, war das Drama der zeitgenössischen Geschichte notwendig und unvermeidlich. Schon Platon hielt, trotz seines Wohlgefallens an einem Teil der Schemata der chaldäischen Astrologie, die er zu der seinen gemacht hatte, seinen Sarkasmus denen gegenüber nicht zurück, die in den astrologischen Fatalismus gefallen waren oder an eine ewige Wiederholung im strikten (stoischen) Sinn des Wortes glaubten (vgl. z.B. *Politeia* VIII, 546f.). Und die christlichen Philosophen führten einen erbitterten Kampf gegen ebendenselben astrologischen Fatalismus[37], der sich während der letzten Jahrhunderte des römischen Reiches noch verstärkte. Wie wir sogleich sehen werden, verteidigte der heilige Augustin die Vorstellung eines ewigen Roms in der einzigen Absicht, nicht ein *fatum* zu übernehmen, wie es die zyklischen Theorien bestimmten. Aber es ist nicht weniger wahr, daß auch der astrologische Schicksalsglaube Rechenschaft über den Lauf der geschichtlichen Ereignisse gab und also dem »Zeitgenossen« half, sie zu verstehen und zu ertragen mit dem gleichen Erfolg wie die verschiedenen griechisch-orientalischen Gnosen, die neue Stoa und der Neu-Pythagoreismus. Ob nun die Geschichte durch den Gang der Gestirne regiert werde oder einfach und allein durch den kosmischen Prozeß, der notwendigerweise eine an eine ursprüngliche Integration gebundene Auflösung forderte, oder ob die Geschichte dem Willen Gottes unmittelbar unterworfen sei, wie ihn die Propheten hatten erblicken können, usw. – das Resultat blieb dasselbe: *keine der Katastrophen, die die Geschichte heraufbrachte, war willkürlich.* Reiche wurden errichtet und gingen zugrunde, Kriege erzeugten zahllose Leiden; Unmoral, Auflösung der Sitten, soziale Ungerechtigkeit usw. verschärften sich unaufhörlich, weil all das *notwendig* war, das heißt *gewollt* durch den kosmischen Rhythmus, durch den Demiurg, durch die Konstellationen oder den Willen Gottes.

Unter diesem Blickpunkt gewinnt die Geschichte Roms eine

besondere Bedeutung. Mehrmals im Lauf der Geschichte haben die Römer den Schrecken eines drohenden Endes ihrer Stadt erlebt, deren Dauer nach ihrem Glauben unmittelbar im Augenblick ihrer Gründung durch Romulus bestimmt worden war. J. Hubaux hat mit großem Scharfblick in seinen *Grands mythes de Rome* die hauptsächlichen Momente dieses Dramas analysiert, das durch die Ungewißheit der Berechnungen der »Lebensdauer« Roms provoziert wurde, während J. Carcopino an die geschichtlichen Ereignisse und die geistige Spannung erinnert hat, die die Hoffnung auf eine katastrophenlose Wiederaufrichtung der Stadt rechtfertigten.[38] In allen geschichtlichen Krisen haben zwei Untergangsmythen das römische Volk geängstigt: 1. Das Leben der Stadt ist beendet, da seine Dauer auf eine bestimmte Anzahl von Jahren begrenzt ist (die »mystische Zahl«, die sich dem Romulus durch die von ihm erblickten zwölf Adler offenbarte). 2. Das »Große Jahr« wird der ganzen Geschichte, also auch der Roms, durch die allgemeine *ekpyrosis* ein Ende bringen. Die Geschichte Roms hat es selbst übernommen, diese Befürchtungen bis zu einem recht fortgeschrittenen Zeitpunkt zu entkräften. Denn 120 Jahre nach der Gründung Roms begriff man, daß die zwölf von Romulus erblickten Adler nicht eine Lebensdauer von 120 Jahren für die Stadt bedeuteten, wie es viele gefürchtet hatten. Am Ende von 365 Jahren konnte man feststellen, daß es sich auch nicht um ein »Großes Jahr« handelte, in dem jedes Jahr der Stadt einem Tag entsprochen hätte. Und man vermutete, das Schicksal gestehe Rom eine andere Art »Großes Jahr« zu, nämlich eines, das sich aus zwölf Monaten zu je hundert Jahren zusammensetzte. Hinsichtlich des Mythos von den rückgängigen »Zeitaltern« und der ewigen Wiederkehr, der von der Sibylle geteilt und von den Philosophen mit Hilfe von Theorien über kosmische Zyklen interpretiert wurde, hoffte man zu wiederholten Malen, der Übergang von einem »Alter« zum andern könne sich auch unter Vermeidung einer allgemeinen *ekpyrosis* vollziehen. Aber diese Hoffnung war doch stets mit Unruhe vermischt. Jedesmal, wenn die geschichtlichen Ereignisse ihren katastrophischen Niedergang betonten, glaubten die Römer, das Große Jahr gehe zu Ende und Rom selbst drohe der Zusammenbruch. Als Cäsar den Rubikon überschritt, ahnte Nigidius Figulus den Beginn eines kosmisch-historischen Dramas voraus, das der Stadt Rom und dem Menschengeschlecht ein Ende bereiten würde.[39] Aber dieser selbe Nigidius Figulus glaubte[40], die *ekpyrosis* sei nicht unausweichlich und die Erneuerung, die neu-pythagoreische *metakosmesis*, sei gleichermaßen ohne kosmische Katastrophe möglich, eine Auffassung, die Vergil später wiederaufnahm und bereicherte.

Horaz hatte in der *Epode XVI* seine Befürchtungen um das zukünftige Schicksal Roms nicht verhehlen können. Die Stoiker, die Astrologen und die orientalische Gnosis erblickten in den Kriegen und Bedrängnissen die Anzeichen einer drohenden endgültigen Katastrophe. Die Römer stützten sich entweder auf die Berechnung des »Lebens« der Stadt oder auf die Lehre von den kosmisch-historischen Krisen, wenn sie zu wissen glaubten, ihre Stadt müsse – was immer auch kommen möge – vor dem Beginn eines neuen Äons verschwinden. Aber die Regierung des Augustus, die auf lange und blutige Bürgerkriege folgte, schien eine *pax aeterna* aufzurichten. Die durch die beiden Mythen – vom »Alter« Roms und vom Großen Jahr – hervorgerufenen Befürchtungen erwiesen sich als grundlos: Augustus hat Rom von neuem gegründet, und wir haben um Roms »Leben« nicht zu fürchten, mochten sich diejenigen sagen, die sich mit dem Mysterium der zwölf von Romulus gesehenen Adler befaßt hatten. Der Übergang vom Eisernen zum Goldenen Zeitalter ist ohne *ekpyrosis* erfolgt, konnten diejenigen sagen, die von der Theorie der kosmischen Zyklen besessen gewesen waren. So ersetzte Vergil das letzte *saeculum*, das der Sonne, durch das der Weltbrand ausgelöst werden sollte, durch das Jahrhundert des Apollon und vermied die *ekpyrosis* und vermutete, die Kriege seien selbst schon die Zeichen für den Übergang vom Eisernen zum

Goldenen Zeitalter gewesen.[41] Später, als die Regierungszeit des Augustus wirklich das Goldene Zeitalter heraufgeführt zu haben schien, bemühte sich Vergil, die Römer hinsichtlich der Dauer Roms zu beruhigen. In der *Aeneis* (I, 255) wendet sich Jupiter zu Venus und versichert ihr, er werde den Römern keinerlei räumliche oder zeitliche Beschränkung auferlegen; »das Reich ohne Ende habe ich ihnen gegeben«.[42] Und erst nach der Veröffentlichung der *Aeneis* wurde Rom die *urbs aeterna* genannt und Augustus als zweiter Gründer der Stadt proklamiert. Sein Geburtstag, der 23. September, wurde angesehen »als Ausgangspunkt des Alls, dessen Existenz Augustus gerettet und dessen Gesicht er verändert hat«.[43] Damals verbreitet sich auch die Hoffnung, Rom könne sich *ad infinitum* periodisch erneuern. So mag Rom, befreit von den Mythen der zwölf Adler und der *ekpyrosis*, sich ausdehnen, wie es Vergil verkündet (*Aeneis* VI, 798), bis zu den Gebieten, die »jenseits der Wege der Sonne und des Jahres liegen« (*extra anni solisque vias*).
Wir bemerken hier eine äußerste Anstrengung, die Geschichte vom astralen Schicksal oder vom Gesetz der kosmischen Zyklen zu befreien und, über den Mythos von der ewigen Erneuerung Roms, *den archaischen Mythos von der jährlichen* (und vor allem katastrophenlosen!) *Regeneration des Kosmos mit Hilfe seiner ewigen Wiedererschaffung durch den Herrscher oder den Priester* wiederzufinden. Es ist vor allem ein Versuch, die *Geschichte auf kosmischer Ebene zu werten*, das heißt, die geschichtlichen Ereignisse und Katastrophen als wirkliche *kosmische Brände* oder *Auflösungen* zu betrachten, die periodisch dem Universum ein Ende bereiten müssen, um ihm damit die Möglichkeit zu seiner Erneuerung zu geben. Die Kriege, die geschichtlichen Leiden und Zerstörungen sind nicht mehr die *Vorzeichen* des Übergangs von einem kosmischen »Alter« zum andern, sondern stellen in sich selbst diesen Übergang schon dar. So erneuert sich die Geschichte in jeder Epoche des Friedens, und folglich beginnt dann auch eine neue Welt; letztlich (wie wir am

Beispiel des um die Person des Augustus gebildeten Mythos gesehen haben) *wiederholt der Herrscher die Erschaffung des Kosmos.*

Wir haben das Beispiel Roms angeführt, um zu zeigen, wie die geschichtlichen Ereignisse mit Hilfe der in diesem Kapitel untersuchten Mythen aufgewertet werden konnten. Indem die Katastrophen in eine bestimmte Mythentheorie eingegliedert wurden (Lebensdauer Roms, Großes Jahr), konnten sie von den Zeitgenossen nicht nur ertragen, sondern unmittelbar nach ihrem Erscheinen auf *positive* Art gewertet werden. Natürlich hat das von Augustus heraufgeführte Goldene Zeitalter nur in seinen großen Kulturschöpfungen fortgelebt. Die Geschichte übernahm es, das »Goldene Zeitalter« nach des Augustus Tod Lügen zu strafen, und die Zeitgenossen begannen wieder, in der Erwartung einer drohenden Katastrophe zu leben. Als Rom von Alarich eingenommen wurde, schien es, als triumphierte das Zeichen der zwölf Adler des Romulus: die Stadt war in das zwölfte und damit letzte Jahrhundert ihrer Existenz eingetreten. Allein der heilige Augustin bemühte sich zu zeigen, daß niemand den Augenblick kennen könne, in dem Gott sich entschließen würde, der Geschichte ein Ende zu bereiten. Jedenfalls hätten die Städte schon von Natur eine beschränkte Lebensdauer, die einzige »ewige Stadt« sei die Stadt Gottes, und keine astrale Bestimmung könne über Leben oder Tod einer Nation entscheiden. Das christliche Denken tendierte also dazu, endgültig die alten Themen der ewigen Wiederholung zu überwinden, ganz so wie es Anstrengungen unternommen hatte, alle anderen archaischen Perspektiven hinter sich zu lassen, indem es entdeckte, wie wichtig die religiöse Erfahrung des »Glaubens« und die Erfahrung vom Wert der menschlichen Persönlichkeit seien.

KAPITEL IV
DER »SCHRECKEN DER GESCHICHTE«

1. Das Fortleben des Mythos der »Ewigen Wiederkehr«

Das Problem, dem wir in diesem letzten Kapitel nähertreten, geht über die Grenzen hinaus, die wir uns für die vorliegende Untersuchung gesteckt haben. Wir können es auch nur umreißen. In der Tat wäre es notwendig, den »historischen (modernen) Menschen«, der *sich als Schöpfer der Geschichte erkennt und sich als solchen will*, dem Menschen der traditionsgebundenen Kultur entgegenzustellen, der gegenüber der Geschichte, wie wir sahen, eine negative Haltung einnahm. Der Mensch dieser Überlieferungskultur gestand dem geschichtlichen Ereignis keinen Wert an sich zu, er betrachtete es, mit andern Worten, nicht als eine seiner eigenen Existenzweise eigentümliche Kategorie – ob er die Geschichte periodisch vernichtete, sie entwertete, indem er außergeschichtliche Modelle und Archetypen für sie fand, oder endlich ob er ihr einen übergeschichtlichen Sinn zuerkannte (Zyklentheorie, eschatologische Bedeutungen usw.). Nun erfordert die Gegenüberstellung dieser beiden Menschheitstypen aber eine Analyse aller modernen »Historizismen«; und eine solche Analyse würde uns, wenn sie wirklichen Nutzen bringen sollte, weit vom Hauptthema dieser Arbeit abführen. Nichtsdestoweniger sind wir gezwungen, das Problem des Menschen, *der sich als geschichtliches Wesen erkennt und als solches will*, zumindest oberflächlich zu berühren. Denn die moderne Welt ist zum gegenwärtigen Zeitpunkt noch nicht völlig dem »Historizismus« zugefallen; wir erleben sogar den Konflikt der beiden Konzeptionen: der archaischen Konzeption, die wir archetypal und antihistorisch nennen könnten, und der modernen nachhegelianischen, die sich historisch will. Wir werden uns damit zufriedengeben, einen einzigen Aspekt des Problems, aber einen wesentlichen, anzugehen: die Lösungen, die die historizistische Perspektive dem modernen Menschen bietet, den ständig sich verstärkenden Druck der gegenwärtigen Geschichte zu ertragen.

Die vorhergehenden Kapitel haben eine Fülle von Beispielen für die Art gebracht, wie die Menschen der archaischen Kulturen die »Geschichte« ertrugen. Man erinnert sich, daß sie sich gegen sie verteidigten, indem sie sie periodisch mit Hilfe der periodischen Wiederholung der Kosmogonie und Regeneration der Zeit vernichteten oder indem sie den geschichtlichen Ereignissen eine außergeschichtliche Bedeutung beilegten, die nicht nur trostreich war, sondern auch einen inneren Zusammenhang erwies, das heißt sich in ein gut ausgearbeitetes System eingliedern konnte, in welchem der Kosmos und auch die Existenz des Menschen ihren Seinsgrund besaßen. Wir müssen hinzufügen, daß diese archaische Konzeption einer Abwehr der Geschichte, diese Art, die geschichtlichen Ereignisse zu ertragen, die Welt noch bis zu einer Epoche beherrscht hat, die der unsern sehr nahe ist. Und sie fährt auch heute noch fort, die ländlichen (= archaischen) europäischen Gemeinschaften zu trösten, die eigensinnig ihre antihistorische Haltung behaupten und deshalb den heftigen Angriffen aller revolutionären Ideologien ausgesetzt sind. Die Christianisierung der europäischen Volksmassen hat weder die Theorie vom Archetypus vernichten können (die eine *historische Persönlichkeit in einen exemplarischen Heros* und das *historische Ereignis in eine mythische Kategorie* verwandelte) noch die Zyklen- und Astraltheorien (nach denen die Geschichte ihre Rechtfertigung erfuhr und die durch den Druck der Geschichte provozierten Leiden einen eschatologischen Sinn enthüllten). So – um nur einige Beispiele anzuführen – wurden die barbarischen Eindringlinge im hohen Mittelalter dem biblischen Archetypus Gog und Magog verglichen und erhielten demgemäß eine ontologische Stellung und eine eschatologische Funktion. Einige Jahrhunderte später wurde Dschingis-Khan von den Christen für einen neuen David gehalten, der vom Schicksal bestimmt sei, die Prophezeiungen des Ezechiel zu erfüllen. So wurden die Leiden und Katastrophen, die durch das Erscheinen der Barbaren am geschichtlichen Horizont des hohen Mittelalters auftauchten, nach demselben Prozeß »ertragen«, der ein paar Jahrtausende vorher im Alten Orient die Möglichkeit verschafft hatte, den geschichtlichen Schrecken zu ertragen. Solche Rechtfertigungen der geschichtlichen Katastrophen ermöglichen auch heute noch die Existenz vieler Millionen von Menschen, die fortfahren, in dem ununterbrochenen Druck der Geschehnisse die Zeichen des göttlichen Willens oder einer astralen Bestimmung zu erblicken.

Wir gehen zu der anderen Konzeption der Überlieferung über, der Konzeption von der zyklischen Zeit und der der periodischen Regeneration der Geschichte – ob sie nun den Mythos von der »ewigen Wiederholung« ins Spiel bringt oder nicht. Wenn die ersten christlichen Autoren sich ihr zunächst auch erbittert entgegengestellt haben, so ist sie schließlich doch in die christliche Philosophie eingedrungen. Erinnern wir nur daran, daß für das Christentum die Zeit *wirklich* ist, weil sie einen *Sinn* hat: die Erlösung. »Eine gerade Linie bezeichnet den Weg der Menschheit von ihrem anfänglichen Fall bis zur endlichen Erlösung. Und der Sinn dieser Geschichte ist einzigartig, weil die Inkarnation einzigartig ist. In der Tat, wie das 9. Kapitel des *Briefs an die Hebräer* und 1. *Petrus*, 3,18 betonen, ist Christus für unsere Sünden nur ein einziges Mal, einmal für immer gestorben (*hapax, ephapax, semel*); es ist nicht ein wiederholbares Ereignis, das zu verschiedenen Malen geschehen könnte (*pollakis*). Der Lauf der Geschichte wird also durch ein einmaliges, radikal einzigartiges Geschehen bestimmt und geleitet. Folglich muß auch das Schicksal der gesamten Menschheit, ebenso wie das individuelle Geschick eines jeden von uns, in einem Male, einmal für immer, sich abspielen, in einer konkreten und nicht ersetzbaren Zeit, die die Zeit der Geschichte und des Lebens ist.«[1] Diese lineare Auffassung der Zeit und der Geschichte wurde – nachdem sie im zweiten Jahrhundert schon von Irenäus von Lyon umrissen worden war – von den Heiligen Basilius und Gregor wiederaufgenommen und schließlich vom heiligen Augustin vollendet.

Aber trotz der Reaktion der Kirchenväter wurden die Theorien von den Zyklen und den astralen Einflüssen auf das menschliche Schicksal und die historischen Ereignisse, wenigstens zu einem Teil, doch aufgenommen, und zwar von andern Kirchenführern und kirchlichen Schriftstellern, wie Clemens von Alexandrien, Minucius Felix, Arnobius, Theodoret. Der Konflikt zwischen diesen beiden grundlegenden Auffassungen von der Zeit und der Geschichte hat sich bis ins 17. Jahrhundert fortgesetzt. Wir können leider nicht daran denken, hier die bewundernswerten Analysen von Pierre Duhem und L. Thorndike aufzuführen, die von Sorokin wiederaufgenommen und vervollständigt worden sind.[2] Erwähnen wir nur, daß in der Blütezeit des Mittelalters die Zyklen- und Astraltheorien die historiologische und eschatologische Spekulation zu beherrschen beginnen. Nachdem sie bereits im 12. Jahrhundert populär waren[3], werden sie im folgenden Jahrhundert systematisch ausgearbeitet, vor allem in der Folge der Übersetzung arabischer Schriftsteller.[4] Man bemüht sich, immer genauere Verbindungen zwischen den kosmischen und geographischen Faktoren und den entsprechenden Zeitabschnitten herzustellen (in dem schon von Ptolemäus, während des zweiten Jahrhunderts nach Christus, in seiner *Tetrabiblos* angezeigten Sinn). Albert der Große, Thomas von Aquin, Roger Bacon, Dante (*Convivio* II, Kap. 14) und eine ganze Reihe anderer glauben, daß die Zyklen und die Zeitabschnitte der Weltgeschichte vom Einfluß der Sterne regiert werden, ob dieser Einfluß nun dem Willen Gottes gehorcht und sein Instrument in der Geschichte darstellt oder ob – diese Hypothese drängt sich immer mehr auf – man in diesem Einfluß eine Kraft sieht, die dem Kosmos immanent ist.[5] Kurz, um die Formulierung Sorokins zu übernehmen[6], das Mittelalter wird von der eschatologischen Konzeption beherrscht (in ihren beiden wesentlichen Momenten: Schöpfung und Ende der Welt), zu der ergänzend noch die Theorie von der zyklischen Wellenbewegung tritt, durch die auch die periodische Wiederkehr der Ereignisse erklärt wird.

Dieses doppelte Dogma regiert das Denken bis zum 17. Jahrhundert, obwohl sich daneben parallel eine Theorie vom linearen Fortschritt der Geschichte zu bilden beginnt. Die Keime zu dieser Theorie sind im Mittelalter erkennbar in den Schriften des Albertus Magnus wie auch des Thomas von Aquin, aber vor allem mit dem *Ewigen Evangelium* des Joachim de Floris stellt sie sich dar in ihrem ganzen Zusammenhang und eingegliedert in eine geniale Eschatologie der Geschichte, der wichtigsten, die das Christentum nach dem heiligen Augustin hervorgebracht hat. Joachim de Floris teilt die Weltgeschichte in drei große Epochen ein, die nacheinander von je einer Gestalt der Trinität beherrscht werden: Vater, Sohn und Heiliger Geist. In der Vision des Abtes aus Kalabrien enthüllt jede einzelne dieser Epochen *in der Geschichte* eine neue Dimension der Gottheit, ermöglicht so eine fortschreitende Vervollkommnung der Menschheit und gelangt in der letzten Phase – inspiriert durch den Heiligen Geist – zur absoluten geistigen Freiheit.[7]

Aber, wie wir schon sagten, die Tendenz, die sich immer mehr aufdrängt, ist doch die einer Einbeziehung der Zyklentheorie. Neben umfangreichen astrologischen Traktaten treten auch die Betrachtungen über die wissenschaftliche Astronomie ans Licht. So lebt die Zyklenanschauung weiter in den Theorien Tycho Brahes, Keplers, Cardanos, G. Brunos, Campanellas, während z. B. Francis Bacon und Pascal die neue Konzeption vom linearen Fortschritt vertreten. Vom 17. Jahrhundert ab gewinnen der Linearismus und die fortschrittliche Auffassung von der Geschichte immer mehr an Kraft und bauen den Glauben an einen unendlichen Fortschritt ein, wie ihn zuerst Leibniz verkündet. Diese Anschauung wurde beherrschend im Jahrhundert der Aufklärung und wurde dann im 19. Jahrhundert durch den Triumph der Evolutionsideen vulgarisiert. Erst in unserem Jahrhundert lassen sich wieder gewisse Reaktionen gegen den historischen Linearismus bemerken; gleichfalls wird eine Rückkehr des Interesses an der Zyklentheorie sichtbar[8]: So erleben wir in der Nationalökonomie die Rehabilitierung der Begriffe Zyklus, Fluktuation, periodische Oszillation; in der Philosophie wird der Mythos von der ewigen Wiederkehr durch Nietzsche den Bedürfnissen der Gegenwart nahegebracht; und in der Geschichtsphilosophie greifen Spengler und Toynbee das Problem der Periodizität wieder auf, usw.[9]

In Verbindung mit dieser Rehabilitierung der Zyklentheorien bemerkt Sorokin[10], die gegenwärtigen Theorien über den Tod des Weltalls schlössen nicht die Hypothese von der Schöpfung eines neuen Alls aus, ein wenig vergleichbar der Anschauung vom »Großen Jahr« im griechisch-orientalischen Denken und der Anschauung vom *yuga*-Zyklus in Indien (vgl. oben S. 127f.). Im Grunde könnte man sagen, allein in den modernen Zyklentheorien gewinne der archaische Mythos von der ewigen Wiederkehr sein Gesicht zurück. Denn die mittelalterlichen Zyklentheorien gaben sich damit zufrieden, die Periodizität der Ereignisse zu rechtfertigen, indem sie ihnen ihren Platz in den kosmischen Rhythmen und der astralen Schicksalsmächtigkeit zuwiesen. Dadurch bestätigte sich *implicite* auch die zyklische *Wiederholung* der historischen Ereignisse, selbst wenn diese Wiederholung nicht als sich *ad infinitum* fortsetzend betrachtet wurde. Darüber hinaus: da die historischen Ereignisse von Zyklen und astralen Situationen abhingen, wurden sie zugleich auch *verständlich* und *vorhersehbar*, denn sie hatten ja ein transzendentes Modell gefunden; die Kriege, Hungersnöte und die Erbärmlichkeiten, die durch die zeitgenössische Geschichte provoziert wurden, waren insgesamt nur die *Imitation* eines Archetypus, der von den Sternen und den himmlischen Normen bestimmt war, in denen der Wille Gottes nicht immer fehlte. Ebenso wie am Ausgang der Antike wurden diese neuen Gestaltungen des Mythos von der ewigen Wiederholung hauptsächlich bei den geistigen Eliten beliebt und trösteten vor allem diejenigen, die den Druck der Geschichte direkt aushalten mußten. Die bäuerlichen Massen interessierten sich, im Altertum nicht anders als in der Neuzeit, weniger für die Astral- und Zyklentheorien, sie fanden Stütze und Trost eher in der Konzeption der Archetypen und der Wiederholung. Diese Konzeption »lebten« sie ja, allerdings weniger auf kosmischer und astraler Ebene als im mythisch-historischen Bereich (indem sie z. B. die geschichtlichen Persönlichkeiten zu exemplarischen Heroen, die historischen Geschehnisse zu mythischen Kategorien machten – in Übereinstimmung mit der Dialektik, die wir weiter oben dargelegt haben).

Das Wiederauftauchen der Zyklentheorien im zeitgenössischen Denken ist reich an Bedeutung. Da wir uns nicht kompetent fühlen, uns über deren Gültigkeit auszulassen, beschränken wir uns auf die Bemerkung, daß die Formulierung eines archaischen Mythos in modernen Begriffen zumindest den Wunsch verrät, für die historischen Ereignisse eine übergeschichtliche Rechtfertigung und einen außergeschichtlichen Sinn zu entdecken. Wir sind also wieder bei der vorhegelianischen Stellung angelangt, und die Gültigkeit der »historizistischen« Lösungen Hegels und Marx' werden damit gleichzeitig zur Diskussion gestellt. Seit Hegel werden ja alle Anstrengungen unternommen, das *historische Ereignis* als solches, das Geschehen *in sich* und *für sich* zu retten und zu werten. In seiner Studie über die deutsche Verfassung schrieb Hegel, wenn wir erkennen, daß die Dinge notwendig so sind, wie sie sind, das heißt, daß sie nicht willkürlich und nicht das Resultat des Zufalls sind, so erkennen wir gleichzeitig, daß sie so sein müssen, wie sie sind. Die Anschauung von der *historischen Notwendigkeit* wird sich ein Jahrhundert später einer immer triumphierenderen Aktualität erfreuen; alle Grausamkeiten, Verirrungen und Tragödien der Geschichte wurden – und werden auch heute noch – gerechtfertigt durch die Notwendigkeiten des »geschichtlichen Augenblicks«. Es ist wahrscheinlich, daß Hegel nicht so weit gehen wollte. Aber da er entschlossen war, sich in Einklang zu bringen mit dem geschichtlichen Augenblick, in dem er selbst lebte, war er verpflichtet, in jedem Geschehnis den Willen des Weltgeistes zu erblicken. Aus diesem Grunde betrachtete er die Lektüre der Zeitungen als eine Art realistischer Morgenweihe. Für ihn konnte allein der tägliche Kontakt mit den Ereignissen das Verhalten des Menschen in seinen Beziehungen zur Welt und zu Gott leiten.

Wie konnte Hegel wissen, was in der Geschichte *notwendig* war und sich *folglich genau so verwirklichen mußte, wie es sich verwirklichte*? Hegel glaubte zu wissen, was der Weltgeist wollte. Hier kann nicht auf die Kühnheit dieser These weiter eingegangen werden, die letztlich gerade das annulliert, was Hegel in der Geschichte retten wollte: die menschliche Freiheit. Aber ein Aspekt seiner Philosophie geht auch uns an, da er noch etwas von der jüdisch-christlichen Anschauung bewahrt: für Hegel war das historische Ereignis die Manifestation des Weltgeistes. Man kann in der Hegelschen Philosophie eine Parallele zur Geschichtstheologie der jüdischen Propheten sehen. Für diese wie für Hegel ist ein Ereignis unumstößlich und gültig in sich selbst, insofern es eine neue Manifestation des göttlichen Willens ist. Eine solche Haltung ist, wie wir uns erinnern wollen, geradezu »revolutionär« in der Perspektive der archaischen Gemeinschaften, die ja doch durch die ewige Wiederholung der Archetypen beherrscht wurden. Also bewahrte das Schicksal eines Volkes, nach Hegel, noch eine außergeschichtliche Bedeutung, weil jede Geschichte eine neue und vollkommenere Manifestation des göttlichen Willens bedeutete. Aber mit Marx entledigt sich die Geschichte jeder transzendenten Bedeutung; sie ist nur noch die Epiphanie der Klassenkämpfe. In welchem Maße aber konnte eine solche Theorie die geschichtlichen Leiden rechtfertigen? In diesem Zusammenhang ist, unter anderem, an den leidenschaftlichen Widerstand eines Belinski oder Dostojewski zu denken, die sich die Frage vorlegten, wie denn in der dialektischen Betrachtungsweise Hegels und Marx' alle Dramen der Bedrückung, die kollektiven Bedrängnisse, die Deportationen, die Erniedrigungen und die Massaker, von denen die Weltgeschichte voll ist, wiedergutgemacht werden könnten.

Der Marxismus hält nichtsdestoweniger doch noch an einem *Sinn* für die Geschichte fest. Für ihn sind die Ereignisse nicht nur eine Abfolge willkürlicher Zufälle, sondern sie lassen eine zusammenhängende Struktur deutlich werden und führen vor allem zu einem genauen Ziel: zur endlichen Ausmerzung des Schreckens der Geschichte, also zum »Heil«. Am Ende der marxistischen Geschichtsphilosophie findet sich also das Goldene Zeitalter der archaischen Eschatologien. In diesem Sinne ist die Feststellung wahr, daß Marx nicht nur »die Hegelsche Philosophie mit den Füßen auf die Erde« gestellt habe, sondern daß er auf ausschließlich menschlicher Ebene den primitiven Mythos vom Goldenen Zeitalter mit neuem Wert erfüllt hat, mit dem beträchtlichen Unterschied indessen, daß er das Goldene Zeitalter *ausschließlich ans Ende der Geschichte* versetzt, anstatt es *auch* für deren Anfang anzunehmen. Hier liegt für den militanten Marxisten das geheime Heilmittel für den Schrecken der Geschichte: Wie die Zeitgenossen eines »dunklen Zeitalters« sich über das Anwachsen ihrer Leiden trösteten, indem sie sich sagten, die Verschlimmerung des Übels beschleunige zugleich die endliche Befreiung, so entdeckt der militante Marxist unserer Zeit in dem durch den Druck der Zeit provozierten Drama ein notwendiges Übel, den Vorläufer des nahen Triumphs, der jedem geschichtlichen »Übel« für alle Zeiten ein Ende bereiten wird.

Der Schrecken der »Geschichte« wird in der Perspektive der verschiedenen historizistischen Philosopheme immer schwieriger zu ertragen. Jedes geschichtliche Ereignis findet hier seinen völligen und ausschließlichen Sinn in der Verwirklichung selbst. Wir brauchen hier die theoretischen Schwierigkeiten des Historizismus nicht aufzuführen, die schon Rickert, Troeltsch, Dilthey und Simmel zu schaffen machten und die auch durch die neueren Bemühungen Croces, Karl Mannheims oder Ortega y Gassets nur teilweise beseitigt werden konnten.[11] Wir brauchen auf diesen Seiten den eigentlichen philosophischen Hintergrund des Historizismus als solchen nicht zu erörtern, ebensowenig die Möglichkeit, eine »Geschichtsphilosophie« zu schaffen, die entscheidend über den Relativismus hinausginge. Dilthey selbst erkannte, als er siebzig Jahre alt geworden war, daß die Relativität aller menschlichen Anschauungen das letzte Wort in der historischen Betrachtung der Welt ist. Vergeblich proklamierte er eine »allgemeine Lebenserfahrung« als äußerstes Mittel, diese Relativität zu überwinden. Vergeblich beschwor Meinecke die Gewissensprüfung als transsubjektive Erfahrung, die fähig wäre, über die Relativität des historischen Lebens hinauszuführen. Heidegger hat sich die Mühe gemacht zu zeigen, daß die Historizität der menschlichen Existenz alle Hoffnung, über die Zeit und die Geschichte hinausgehen zu können, zunichte machte.

Zur Durchführung unseres Vorhabens ist eine einzige Frage von Wichtigkeit: Wie kann der »Schrecken der Geschichte« in der Perspektive des Historizismus ertragen werden? Die Rechtfertigung eines geschichtlichen Ereignisses durch den Umstand allein, daß es ein historisches Ereignis ist, anders gesagt durch den Umstand, daß es *auf diese Weise geschehen ist*, wird nicht so einfach fähig sein, die Menschheit von dem Schrecken zu befreien, den es mit sich bringt. Betonen wir nachdrücklich, daß es nicht um das Problem des Bösen geht, das – von welcher Seite man es auch betrachten mag – ein philosophisches und religiöses Problem bleibt. Es handelt sich vielmehr um das Problem der Geschichte als solcher, des Bösen, das nicht eigentlich an das So-Sein des Menschen gebunden ist, sondern an sein Verhalten gegenüber den anderen Menschen. Man möchte zum Beispiel wissen, wie die Leiden und das Verschwinden so vieler Völker ertragen und gerechtfertigt werden sollten, die nur deshalb zum Leiden und zum Verschwinden verurteilt werden, weil sie der Geschichte im Wege stehen, weil sie in der Nachbarschaft von ständig zur Expansion drängenden Reichen wohnen, usw. Wie soll man es z. B. rechtfertigen, daß der europäische Südosten jahrhundertelang leiden mußte – und also verzichten mußte auf jeden Willen zu einer höheren geschichtlichen Existenz und zur geistigen schöpferischen Tätigkeit auf allgemeingültiger Grundlage – aus dem einen Grunde, daß sich seine Gebiete auf dem Wege der asiatischen Eindringlinge befanden und dann zu Nachbarn des ottomanischen Reiches wurden? Und wie könnte in unseren Tagen, da der Druck der Geschichte keinerlei Ausweichen mehr möglich macht, der Mensch die Katastrophen und Schrecken der Geschichte ertragen – von den Deportationen und den kollektiven Massakern bis zum Werfen von Atombomben –, wenn dahinter sich keinerlei Zeichen, keinerlei übergeschichtliche Intention ahnen ließe? Wenn alle diese Entsetzlichkeiten nichts wären als das blinde Spiel wirtschaftlicher Kräfte, sozialer oder politischer Mächte? Oder wenn, noch schlimmer, das alles nur das Ergebnis von »Freiheiten« wäre, die eine Minderheit sich nimmt und unmittelbar auf der Bühne der Weltgeschichte ausübt?

Wir wissen bereits, wie die Menschheit in der Vergangenheit die Leiden, die wir erwähnt haben, ertragen konnte: sie wurden als göttliche Strafe betrachtet, als Miterscheinung beim Niedergang des »Weltalters« usw. Und sie konnten ganz zweifellos nur deshalb angenommen werden, weil sie einen übergeschichtlichen Sinn hatten, weil die Geschichte für die Majorität der Menschheit, die noch in der archaischen Anschauung lebte, *keinen Wert an sich haben konnte.* Jeder Heros wiederholte die archetypische Geste, jeder Krieg nahm den Kampf zwischen dem Guten und dem Bösen wieder auf, jede neue soziale Ungerechtigkeit wurde mit den Leiden des Erlösers identifiziert (oder, in der vorchristlichen Welt, mit dem Leidensweg eines göttlichen Boten oder eines Vegetationsgottes usw.), jedes neue Massaker wiederholte das ruhmreiche Ende eines Märtyrers usw. Wir haben nicht zu entscheiden, ob solche Motive etwa kindlich waren oder ob ein solcher *Widerstand* gegen die Geschichte sich immer als wirksam erwies. In unsrem Betracht zählt eine einzige Tatsache: dank dieser Sehweise haben viele Millionen von Menschen jahrhundertelang großen geschichtlichen Druck aushalten können, ohne zu verzweifeln, ohne Selbstmord zu begehen oder in die geistige Dürre zu verfallen, die eine relativistische oder nihilistische Betrachtung der Geschichte immer mit sich bringt.

Wie wir schon angemerkt haben, lebt auch heute noch ein sehr beträchtlicher Teil der europäischen Bevölkerung, von anderen Kontinenten zu schweigen, in dieser archaischen anti-»historizistischen« Anschauung. Das Problem drängt sich also vor allem den »Eliten« auf, die ja allein verpflichtet sind, sich ihrer geschichtlichen Situation mit immer größerer Strenge bewußt zu werden. Das Christentum und die eschatologische Geschichtsphilosophie haben allerdings einen großen Teil dieser Eliten immer noch zufriedenstellen können. Bis zu einem gewissen Punkt kann man gleicherweise sagen, daß der Marxismus – vor allem in seiner volkstümlichen Form – für manche Menschen eine Verteidigung gegen den Schrecken der Geschichte bildet. Allein die historizistische Haltung in allen Varianten und Nuancen – vom »Schicksal« Nietzsches bis zur »Zeitlichkeit« Heideggers – bleibt waffenlos.[12] Es ist keineswegs zufällig, daß die Verzweiflung, der *amor fati* und der Pessimismus in dieser Philosophie zum Rang von heroischen Tugenden und zu Erkenntnisinstrumenten erhoben werden.

Wenn diese Haltung auch die modernste und, in einem gewissen Sinn, auch unausweichlich sein mag für alle Denker, die den Menschen als »historisches Wesen« definieren, so hat sie das zeitgenössische Denken doch nicht völlig erobern können. Wir haben weiter oben verschiedene neuere Richtungen erwähnt, die es sich angelegen sein lassen, den Mythos von der zyklischen Periodizität und der ewigen Wiederkehr neu zu werten. Diese Betrebungen vernachlässigen nicht allein den Historizismus, sondern auch die Geschichte als solche. Wir glauben Grund zu haben, in ihnen eher als einen Widerstand gegen die Geschichte eine Auflehnung gegen die geschichtliche *Zeit* zu erblicken, einen Versuch, diese historische Zeit, die mit menschlicher Erfahrung beladen ist, auf die kosmische, zyklische und unendliche Zeit zurückzubeziehen. In jedem Fall ist die Beobachtung lohnend, daß sich durch das ganze Werk von zwei der bedeutendsten Schriftsteller unserer Zeit – T. S. Eliot und James Joyce – in seiner

Tiefe das Verlangen nach dem Mythos von der ewigen Wiederholung und, letztlich, der *Vernichtung der Zeit* hindurchzieht. Ebenso läßt sich voraussehen – je mehr der Schrecken der Geschichte sich verschärfen, je unsicherer im Zusammenhang mit den Fakten der Geschichte die Existenz werden wird –, daß die Stellungen des Historizismus desto mehr an Kredit verlieren werden. Und heute, da die Geschichte in der Lage zu sein scheint, die ganze Menschengattung auf einmal zu vernichten – was weder der Kosmos noch der Mensch oder auch nur der Zufall bisher fertiggebracht haben –, in diesem Augenblick könnten wir auch einen verzweifelten Versuch erleben, die *Geschehnisse der Geschichte* zu verhindern, und zwar durch die Reintegration der menschlichen Gemeinschaften in die (künstliche, weil anbefohlene) Welt der Archetypen und ihrer Wiederholung. Mit andern Worten: es ist nicht abwegig, sich eine nicht sehr ferne Zukunft vorzustellen, in der die Menschheit, um ihr Fortleben zu sichern, sich gezwungen sehen könnte, nicht mehr »Geschichte zu machen«, wie sie es in diesem Sinne seit der Schaffung der ersten großen Reiche getan hat. Sie mag sich dann vielleicht damit zufriedengeben, die vorgeschriebenen archetypalen Handlungen zu wiederholen, und sich bemühen, jede spontane Handlung als bedeutungslos und gefährlich zu vergessen, die möglicherweise »historische« Konsequenzen nach sich ziehen könnte. Es wäre sogar von Interesse, die antihistorische Lösung der zukünftigen Gesellschaften mit den paradiesischen oder eschatologischen Mythen vom Goldenen Zeitalter am Anfang oder am Ende der Welt zu vergleichen. Aber da wir es uns vorbehalten wollen, diesen Gedankengängen an anderem Ort nachzugehen, kommen wir jetzt wieder auf unser Problem zurück: die Stellung des historischen Menschen im Verhältnis zum archaischen Menschen. Und wir versuchen, die Einwendungen zu verstehen, die zugunsten der historizistischen Perspektive gegen diesen erhoben werden.

In der Abweisung der Theorie von der geschichtlichen Periodizität und folglich der archaischen Vorstellung von den Archetypen und ihrer Wiederholung dürfen wir wohl mit einigem Recht den Widerstand erkennen, den der moderne Mensch der Natur entgegensetzt, also den Willen des »historischen Menschen«, seine Autonomie zu behaupten. Wie Hegel in vornehmer Selbstgenügsamkeit bemerkte, geschieht nie etwas Neues in der Natur. Und der Hauptunterschied zwischen dem Menschen der archaischen Kulturen und dem modernen, »geschichtlichen« Menschen beruht gerade in dem steigenden Wert, den dieser den geschichtlichen Ereignissen zuschreibt, also den »Neuigkeiten«, die für den archaischen Menschen entweder bedeutungslose Begegnungen waren oder sogar Unterbrechungen der Normen (daher die »Sünden«, »Fehler« usw.) darstellten und als solche periodisch »ausgetrieben« (vernichtet) werden mußten. Der Mensch, der sich im geschichtlichen Bereich ansiedelt, würde nicht ohne Grund in der archaischen Anschauung von den Archetypen und ihrer Wiederholung eine abwegige Reintegration der Geschichte (also der »Freiheit« und der »Neuigkeit«) in die Natur erblicken (in der alles sich wiederholt). Denn, wie der moderne Mensch bemerken könnte, die Archetypen stellen ja selbst insofern eine »Geschichte« dar, als sie sich aus Handlungen, Gesten, Geboten zusammensetzen, die zwar als *in illo tempore* geschehen betrachtet werden, aber nichtsdestoweniger sich doch einmal *manifestiert* haben müssen, das heißt, sie sind *in der Zeit* erschienen, sind ebenso »gekommen« wie jedes andere geschichtliche Ereignis. Die primitiven Mythen erwähnen sehr häufig Geburt, Aktivität und Verschwinden eines Gottes oder Heros, dessen (»kulturbringende«) Handlungen dann unaufhörlich wiederholt werden. Das aber läuft darauf hinaus, daß auch der archaische Mensch eine *Geschichte* kennt, selbst wenn diese Geschichte primordial ist und sich in einer *mythischen Zeit* vollzieht. Die

Weigerung, die der archaische Mensch der Geschichte entgegensetzt, sein Widerwille, sich in einer konkreten, historischen Zeit anzusiedeln, würden dann also eine frühzeitige Müdigkeit verraten, Furcht vor der Bewegung und der Spontaneität. Er würde schließlich, wenn er zu wählen hätte zwischen der Annahme der historischen Bedingtheit mit ihren Risiken und seiner Wiedereingliederung in die Seinsweise der Natur, zweifellos für diese letzte Möglichkeit optieren.
Der moderne Mensch würde mit der gleichen Berechtigung in der so totalen Anhänglichkeit des archaischen Menschen an die Archetypen und ihre Wiederholung nicht nur das Erstaunen der Primitiven vor ihren ersten *freien*, spontanen und schöpferischen *Handlungen* und deren unaufhörlich wiederholte Verehrung erblicken, sondern auch ein Schuldgefühl des Menschen, der kaum erst dem Paradies der Animalität (= der Natur) entwichen ist. Und dieses Schuldgefühl treibt ihn dann, in den Mechanismus der ewigen Wiederholung der Natur diese wenigen primordialen, spontanen und schöpferischen Handlungen zu reintegrieren, die das Erscheinen der Freiheit markiert hatten. Wenn der moderne Mensch seine kritische Untersuchung weiterführt, kann er aus dieser Furcht, in diesem Zögern oder dieser Müdigkeit gegenüber jedem beliebigen Akt ohne Archetypus die Tendenz der Natur zu Gleichgewicht und Ruhe lesen; und er würde diese Tendenz auch in der Erschöpfung, der Antiklimax lesen, die jeder übermächtigen Lebensäußerung auf dem Fuße folgt und die manche sogar in dem Bedürfnis der Vernunft wiederfinden wollen, das Wirkliche durch die Erkenntnis zu vereinheitlichen. In letzter Analyse kann der moderne Mensch, der die Geschichte annimmt oder sie anzunehmen vorgibt, dem archaischen Menschen, dem Gefangenen des mythischen Bereichs der Archetypen und der Wiederholung, seine *schöpferische* Ohnmacht vorhalten, oder – was auf dasselbe hinauskommt – seine Unfähigkeit, die Risiken anzunehmen, die jede schöpferische Handlung einschließt. Für den modernen Menschen würde der Mensch nur insoweit *schöpferisch* sein

können, als er *geschichtlich* ist. Mit andern Worten: jedes Schöpfertum ist ihm untersagt außer dem einen, das seinen Ursprung in seiner eigenen Freiheit hat. Folglich aber ist ihm alles untersagt außer der *Freiheit, Geschichte zu machen, indem er sich selbst realisiert.*

Dieser Kritik durch den modernen Menschen könnte der Mensch der überlieferten Kulturen in einer Gegenkritik antworten, die zugleich eine Apologie der archaischen Existenzweise wäre. Es wird immer anfechtbarer, würde er sagen können, daß der moderne Mensch die Geschichte macht. Im Gegenteil, je moderner er wird[13] – das heißt, je weniger Verteidigungsmöglichkeit gegenüber dem Schrecken der Geschichte er besitzt –, um so geringer werden seine Chancen, daß *er* die Geschichte macht. Denn diese Geschichte vollzieht sich entweder ganz selbständig (dank der Keime, die vor Jahrhunderten oder auch Jahrtausenden gelegt worden sind: denken wir an die Folgen der Erfindung des Ackerbaus, der Metallurgie, der industriellen Revolution im 18. Jahrhundert usw.); oder aber die Geschichte strebt danach, sich von einer immer kleineren Menschengruppe machen zu lassen, die es der Masse ihrer Zeitgenossen nicht allein untersagt, direkt oder indirekt in die Geschichte einzugreifen, die sie gestaltet (oder die *er* macht, wenn es sich nur noch um einen einzelnen handelt), sondern die auch über genügend Hilfsmittel verfügt, jeden einzelnen zum Ertragen der Konsequenzen dieser Geschichte zu zwingen, also unmittelbar und ohne Pause im Schrecken der Geschichte zu leben. Die Freiheit, Geschichte zu machen, deren sich der moderne Mensch rühmt, ist für fast alle Menschen illusorisch. Im äußersten Fall bleibt ihm die Möglichkeit, zwischen zwei Möglichkeiten zu wählen: 1. Er kann sich der Geschichte entgegenstellen, die von einer kleinen Minderheit gemacht wird (und in diesem Fall hat er wieder die Freiheit, zwischen Selbstmord und Deportation zu wählen); 2. kann er sich in eine untermenschliche Existenz oder die Emigration flüchten. Eine Freiheit, wie sie die »geschichtliche« Existenz einschließt, war – und auch das nur in gewissen Grenzen – am Anfang unserer modernen Epoche möglich, aber sie tendiert dazu, immer unzugänglicher zu werden, je »geschichtlicher« diese Epoche, mit andern Worten: je fremder sie jedem übergeschichtlichen Modell wird. Auf ganz natürlichem Wege müssen so z.B. der Marxismus und der Faschismus dazu gelangen, zwei Typen geschichtlicher Existenz anzunehmen: den des Führers (der der einzige wirklich »Freie« ist) und den der Anhänger, die in der geschichtlichen Existenz des Führers nicht eigentlich einen Archetyp ihrer eigenen Existenz finden, sondern den Mann, der gesetzlich festlegt, welche Handlungen ihnen provisorisch gestattet sind.

So stellt für den archaischen Menschen der moderne Mensch weder den Typ eines *freien* Wesens noch den eines *Gestalters* der Geschichte dar. Ganz im Gegenteil, der Mensch der archaischen Kulturen kann stolz auf seine Existenzweise sein, die es ihm erlaubt, frei zu sein und schöpferisch zu handeln. Er ist frei, nicht mehr zu sein, was er gewesen ist, und frei auch, seine eigene »Geschichte« durch die periodische Vernichtung der Zeit und die kollektive Regeneration zu vernichten. Diese Freiheit gegenüber seiner eigenen »Geschichte« ist dem modernen Menschen, der geschichtlicher Mensch sein will, völlig unzugänglich – für ihn ist die Geschichte ja nicht nur unumstößlich, sondern konstituiert erst eigentlich die menschliche Existenz. Wir wissen, daß die archaischen und überlieferungsgebundenen Gesellschaften die Freiheit zugestanden, jedes Jahr eine neue, »reine« Existenz mit jungfräulichen Eigenschaften zu beginnen. Und es kann sich keinesfalls darum handeln, hierin nur die Nachahmung der Natur zu erkennen, die sich ja auch periodisch regeneriert, indem sie in jedem Frühling »wiederbeginnt« und in jedem Frühling alle ihre Kräfte unversehrt wiedergewinnt. Die Natur nämlich wiederholt sich selbst, jeder neue Frühling ist derselbe ewige Frühling (also die Wiederholung der Schöpfung), während die »Reinheit« des archaischen Menschen nach der periodischen Vernichtung der Zeit und der Wiedergewinnung seiner unversehrten Kräfte es ihm erlaubt, an der Schwelle jedes »neuen Lebens« eine kontinuierliche Existenz in der Ewigkeit zu führen und daher *hic et nunc* die profane Zeit endgültig zu vernichten. Die unversehrten »Möglichkeiten« der Natur in jedem Frühling und die »Möglichkeiten« des Menschen an der Schwelle jedes neuen Jahres sind also nicht vergleichbar. Die Natur findet nur sich selbst wieder, während der archaische Mensch die Fähigkeit zurückgewinnt, endgültig die Zeit zu überwinden und in der Ewigkeit zu leben. Im gleichen Maße, als ihm das nicht gelingt und er »sündigt«, das heißt in die »geschichtliche« Existenz, in die Zeit fällt, verdirbt er sich selbst jedes Jahr diese Möglichkeit. Zumindest aber bewahrt er sich die *Freiheit*, diese Fehler zu annullieren, die Erinnerung an seinen »Fall in die Geschichte« auszulöschen und einen neuen Versuch zur endgültigen Überwindung der Zeit zu unternehmen.[14]

Andererseits befindet sich der archaische Mensch zweifellos im Recht, wenn er sich selbst für schöpferischer hält als den modernen Menschen, der sich nur insoweit als schöpferisch definiert, als er Geschichte schafft. Jedes Jahr von neuem nimmt der archaische Mensch seinen Ausgang von der Kosmogonie, der schöpferischen Handlung *par excellence*. Man kann sogar hinzufügen, daß der Mensch für einige Zeit auf kosmischer Ebene »schöpferisch« war, indem er diese periodische Kosmogonie nachahmte (die er übrigens auf allen anderen Ebenen des Lebens wiederholte; vgl. oben, Kap. II) und an ihr teilhatte.[15] Es muß gleichfalls an die »schöpferischen« Implikationen der orientalischen, vor allem der indischen Philosophien und Techniken erinnert werden, die in denselben archaischen Bereich gehören. Der Orient weist einhellig die Vorstellung von der ontologischen Unreduzierbarkeit des Existierenden zurück, obwohl er selbst ja auch von einer Art »Existentialismus« ausgeht (indem er nämlich das »Leiden« als typische Situation jeder möglichen kosmischen Seinsform feststellt). Aber der Orient nimmt das Schicksal des menschlichen Wesens nicht als endgültig und unumstößlich hin. Die orientalischen Techniken bemühen sich vor allem, die menschliche Bedingtheit zu annullieren oder zu überwinden. In diesem Betracht muß man nicht allein von Freiheit (im positiven Sinne) oder Emanzipation (im negativen Sinne) sprechen, sondern geradezu von *Schöpfertum*. Denn es geht ja darum, einen *neuen Menschen* zu schaffen und ihn auf übermenschlicher Ebene zu schaffen, einen Mensch-Gott, den erschaffen zu können dem geschichtlichen Menschen nicht einmal in seinen kühnsten Phantasien eingefallen ist.

Wie das nun aber auch sein mag, dieser Dialog zwischen dem archaischen und dem modernen Menschen ist für unser Problem nicht entscheidend. In der Tat, wie es auch um die Wahrheit hinsichtlich der Freiheit und der schöpferischen Tugenden des geschichtlichen Menschen bestellt sein mag – es steht außer Frage, daß keines der historischen philosophischen Systeme in der Lage war, ihn gegen den Schrecken der Geschichte zu schützen. Man könnte sich noch einen letzten Versuch vorstellen: Um die Geschichte zu retten und eine Ontologie der Geschichte zu begründen, könnte man die Geschehnisse als eine Reihe von »Situationen« betrachten, dank deren der menschliche Geist Erkenntnis von Ebenen der Wirklichkeit gewönne, die ihm sonst unzugänglich blieben. Dieses Unternehmen zur Rechtfertigung der Geschichte ist nicht ohne Interesse[16], und wir nehmen uns vor, anderweitig darauf zurückzukommen. Aber wir können schon hier anmerken, daß eine solche Haltung nur insoweit vor dem Schrecken der Geschichte schützt, als sie die Existenz zumindest des Weltgeistes postuliert. Welchen Trost könnte uns das Wissen darum gewähren, die Leiden von Millionen Menschen hätten die Kenntnis einer Grenzsituation des menschlichen Seins ermöglicht, wenn jenseits dieser Grenzsituation nur das Nichts ist? Um es noch einmal zu wiederholen: es geht hier nicht darum, die Gültigkeit einer historizistischen Philosophie zu beurteilen, sondern allein um die Feststellung, inwieweit eine solche Philosophie den Schrecken der Geschichte bannen kann. Wenn es wirklich genug ist, die geschichtlichen Tragödien damit zu rechtfertigen, daß sie als ein Mittel angesehen werden können, mit dem der Mensch die Grenzen der menschlichen Widerstandskraft zu erkennen vermöge, so kann doch eine solche Entschuldigung nie die Kraft haben, die Verzweiflung zu bannen.

Im Grunde kann der Bereich der Archetypen und der Wiederholung nur dann ungestraft verlassen werden, wenn man eine Philosophie der Freiheit vertritt, die Gott nicht ausschließt. Das hat sich übrigens auch bewahrheitet, als der Bereich der Archetypen und der Wiederholung zum ersten Male durch das Judenchristentum überwunden wurde, das in die religiöse Erfahrung eine neue Kategorie eingeführt hat: den Glauben. Es darf nicht vergessen werden, daß, wenn für Abraham der Glaube sich in dem Satz zusammenfassen läßt: für Gott ist alles möglich – daß dann der Glaube des Christentums impliziert: auch für den Menschen ist alles möglich. »Ihr müßt Glauben an Gott haben. Amen, das sage ich euch: Wenn jemand zu diesem Berg sagt: Hebe dich empor, und stürz dich ins Meer!, und wenn er in seinem Herzen nicht zweifelt, sondern glaubt, daß geschieht, was er sagt, dann wird es geschehen. Darum sage ich euch: Alles, worum ihr betet und bittet – glaubt nur, daß ihr es schon erhalten habt, dann wird es euch zuteil« (*Markus* 11, 22-24).[17] An dieser Stelle, wie an vielen anderen, bedeutet der Glaube die absolute Befreiung von jederlei natürlichem »Gesetz« und deshalb die höchste Freiheit, die der Mensch sich vorstellen kann: die Freiheit, in das ontologische Statut des Alls selbst einzugreifen. Diese Freiheit ist folglich *par excellence* schöpferisch. Mit andern Worten: sie bedeutet eine neue Form des Zusammenwirkens des Menschen mit der Schöpfung, mit der ersten sowohl wie mit der zweiten, die mit dem Verlassen des primordialen Bereichs der Archetypen und der Wiederholung gegeben war. Nur eine solche Freiheit (abgesehen von ihrem erlösenden und also im strikten Sinn religiösen Wert) ist in der Lage, den modernen Menschen gegen den Schrecken der Geschichte zu schützen: eine Freiheit also, die von Gott ausgeht und in ihm ihre Garantie und ihre Stütze hat. Jede andere moderne Freiheit, soviel Befriedigung sie dem, der sie besitzt, auch bringen mag, ist außerstande, die Geschichte zu rechtfertigen. Und das bedeutet für jeden Menschen, der sich selbst gegenüber ehrlich ist, nichts anderes als eben den Schrecken der Geschichte.

Man kann übrigens sagen, das Christentum sei die »Religion«

des modernen und des historischen Menschen, der gleichermaßen die persönliche *Freiheit* und die kontinuierliche *Zeit* (anstelle der zyklischen) entdeckt hat. Es ist auch interessant, sich zu vergegenwärtigen, daß die Existenz Gottes sich mit viel größerem Nachdruck dem modernen Menschen aufdrängte, für den es die Geschichte als solche gibt, als Geschichte, und nicht nur als Wiederholung wie für den Menschen der archaischen und frühzeitlichen Kulturen. Dieser verfügte, um sich gegen den Schrecken der Geschichte zu verteidigen, über alle die Mythen, Riten und Verhaltensweisen, die wir im Laufe dieser Untersuchung betrachtet haben. Obwohl die Gottesidee und die religiösen Erfahrungen, die sie impliziert, schon in frühester Zeit vorhanden gewesen sein mögen, konnten sie doch überall durch andere religiöse »Formen« ersetzt werden (Totemismus, Ahnenkult, Große Fruchtbarkeitsgottheiten usw.), die die religiösen Bedürfnisse der »primitiven« Menschheit mit größerer Promptheit befriedigten. Im Bereich der Archetypen und der Wiederholung konnte der Schrecken der Geschichte ertragen werden, soweit er sich bemerkbar machte. Seit der »Erfindung« des Glaubens im jüdisch-christlichen Sinn des Wortes (= für Gott ist alles möglich) bleibt dem Menschen, der sich aus dem Reich der Archetypen und der Wiederholung gelöst hat, keine andere Verteidigung gegen diesen Schrecken mehr übrig als die durch die Gottesidee. Tatsächlich kann allein die Annahme der Existenz Gottes ihm zu einem Teil die *Freiheit* zurückgeben (die ihm in einem von Gesetzen regierten All die Autonomie zugesteht oder, mit andern Worten, die »Inauguration« einer neuen, in der Welt einzigartigen Seinsweise). Dann aber gewinnt er auch die *Gewißheit*, daß die geschichtlichen Tragödien eine übergeschichtliche Bedeutung besitzen, selbst wenn diese Bedeutung für die gegenwärtige Bedingtheit des Menschen nicht ersichtlich ist. Jede andere Situation des modernen Menschen führt am Ende zur Verzweiflung. Diese Verzweiflung wird nicht eigentlich durch sein Menschsein hervorgerufen, sondern durch seine Gegenwart in einer historischen Welt, in der fast die ganze Menschheit als Beute eines unaufhörlichen Schreckens lebt (auch wenn sie sich dessen nicht immer bewußt ist).

In diesem Betracht erweist sich das Christentum zweifellos als die Religion des »gefallenen Menschen«: und zwar insofern, als der moderne Mensch unrettbar der *Geschichte* und der *Fortentwicklung* angehört und als die Geschichte und die Fortentwicklung einen Fall bedeuten und beide das endgültige Verlassen des Paradieses der Archetypen und der Wiederholung einschließen.

Anmerkungen

KAPITEL I

1 M. Eliade, *Traité d'histoire des religions*, Paris 1949, S. 191f. [dt.: *Die Religionen und das Heilige*, übers. v. R. Rassem und I. Köck, Salzburg 1954].

2 M. Eliade, *Cosmologie şi alchimie babiloniana*, Bukarest 1937, S. 21f.

3 E. Chiera, *Sumerian Religious Texts*, Upland 1924, Bd. 1, S. 29.

4 U. Holmberg, *Der Baum des Lebens*, Helsinki 1923, S. 39.

5 R. Weill, *Le champ des roseaux et le champ des offrandes dans la religion funéraire et la religion générale*, Paris 1936, S. 62f.

6 H.S. Nyberg, »Questions de cosmogonie et de cosmologie mazdéennes«, *Journal Asiatique*, Juli-Sept. 1931, S. 35f. Aber, wie Henry Corbin mit Recht bemerkt: »Wir müssen uns davor hüten, den Kontrast, den sie (*mênôk* und *gêtik*) zum Ausdruck bringen, auf ein bloßes Platonisches Schema zu reduzieren. Es handelt sich dabei, genaugenommen, weder um einen Gegensatz zwischen Idee und Materie noch zwischen universal und sinnlich wahrnehmbar. *Mênôk* ist viel eher mit himmlischer Zustand zu übersetzen – unsichtbar, erlesen, geistig, aber doch ganz wirklich. *Gêtik* bezeichnet einen irdischen Zustand – sichtbar und gewiß stofflich, aber aus einem ganz Licht seienden Stoff, einem unstofflichen Stoff – verglichen mit der Materie, die wir kennen«; H. Corbin, »Le temps cyclique dans le mazdéisme et dans l'ismaélisme«, *Eranos-Jahrbuch*, 20, 1951, S. 153.

7 Vgl. die rabbinischen Überlieferungen in: R. Patai, *Man and Temple in Ancient Jewish Myth and Ritual*, London 1947, S. 130f.

8 E. Burrows, »Some Cosmological Patterns in Babylonian Religion«, in: *The Labyrinth*, hg. v. S. H. Hooke, London 1935, S. 65f.

9 Vgl. M. Eliade, *Cosmologie*, S. 22; Burrows, a. a. O., S. 60f.

10 R. H. Charles, *Apocrypha and Pseudepigrapha of the Old Testament*, Oxford 1913, Bd. 2, S. 482 Fn.

11 Ebd., S. 405; A. Pincherle, *Gli Oracoli Sibillini guidaici*, Rom 1922, S. 95f.

12 Vgl. van Hamel, zitiert bei G. van der Leeuw, *L'Homme primitif et la religion*, Paris 1940, S. 110.

13 A. K. Coomaraswamy, *The Rig-Veda as Land-nâma-bôk*, London 1935, S. 16 usw.

14 Z.B. *Shatapatha-Brâhmana* XIV, 1, 2, 26 usw.; s. unten Kap. II.

15 M. Eliade, *Cosmologie*, S. 26-50; vgl. auch *Images et symboles*, Paris 1952, Kap. 1 [dt.: *Ewige Bilder und Sinnbilder*, übers. v. Th. Sapper, Freiburg i. Br. 1958].

16 W. Kirfel, *Die Kosmographie der Inder*, Bonn 1920, S. 15; U. Holmberg, a. a. O., S. 41; A. Christensen, *Les types du premier homme et du premier roi dans l'historie légendaire des Iraniens*, Bd. 2, Uppsala–Leiden 1934, S. 42; M. Eliade, *Le chamanisme et les techniques archaiques de l'extase*, Paris 1951, S. 242f. [dt.: *Schamanismus und archaische Ekstasetechnik*, übers. v. I. Köck, Frankfurt a. M. 1975, S. 255ff.].

17 Vgl. P. Schebesta, *Die Pygmäenvölker der Erde*, Brüssel 1938, frz. Übers.: *Les pygmées*, Paris 1940, S. 156f.; weitere Beispiele: M. Eliade, *Schamanismus*, S. 259ff.
18 Vgl. z.B. W. Gaerte, »Kosmische Vorstellungen im Bilde prähistorischer Kunst: Erdberg, Himmelsberg, Erdnabel und Weltströme«, *Anthropos*, 9, 1914, S. 956-979.
19 A. Jeremias, *Handbuch der altorientalischen Geisteskultur*, 2. Aufl., Berlin–Leipzig 1929, S. 130.
20 Vgl. E. Burrows, a. a. O., S. 51, 54, 62, Fn. 1; A. J. Wensinck, *The Ideas of the Western Semites concerning the Navel of the Earth*, Amsterdam 1916, S. 15; R. Patai, *Man and Temple*, S. 85; Symbolik in Ägypten: vgl. ebd., S. 101, Fn. 100.
21 Z.B. bei den Kleinrussen: Mansikka, zitiert bei Holmberg, a. a. O., S. 72.
22 T. Dombart, *Der Sakralturm 1: Zikkurat*, München 1920, S. 34; vgl. A. Parrot, *Ziqqurats et Tour de Babel*, Paris 1949. Die indischen Tempel werden ebenfalls mit den Bergen verglichen: siehe W. Foy, »Indische Kultbauten als Symbole des Götterbergs«, *Festschrift zu Ernst Windischs 70. Geburtstag*, Leipzig 1914, S. 213-216. Die gleiche Symbolik bei den Azteken: vgl. W. Krickeberg, »Bauform und Weltbild im alten Mexiko«, *Paideuma*, 4, 1950, S. 295-333.
23 W. F. Albright, »The Mouth of the Rivers«, *The American Journal of the Semitic Languages and Literatures*, 35, 1919, S. 173.
24 M. Granet, *La pensée chinoise*, Paris 1934 [dt.: *Das chinesische Denken*, übers. von M. Porkert, München 1963]; M. Eliade, *Schamanismus*, S. 256f.
25 Text aus Kisâ'i, zitiert bei Wensinck, a. a. O., S. 29.
26 A. Jeremias, a. a. O., S. 113; E. Burrows, a. a. O., S. 46f., 50.
27 Texte bei Burrows, a. a. O., S. 55; vgl. auch R. Patai, a. a. O., S. 55f.
28 Texte zitiert bei A. J. Wensinck, a. a. O., S. 19, 16; vgl. auch W. H. Roscher, *Neue Omphalostudien*, Abh. der Königl. Sächs. Gesellschaft der Wissenschaften, Phil. Klasse, Bd. 31, 1, 1920, S. 16f.; E. Burrows, a. a. O., S. 57; R. Patai, a. a. O., S. 85.
29 Vgl. W. Kirfel, a. a. O., S. 8.
30 E. Burrows, a. a. O., S. 49; A. Christensen, a. a. O., S. 22ff.
31 A. J. Wensinck, a. a. O., S. 14; W. Budge, *The Book of the Cave of Treasure*, Übersetzung aus dem Syrischen, London 1927, S. 53; O. Dähnhardt, *Natursagen*, 4 Bde., Leipzig 1907-1912, Bd. 1, S. 112; E. Burrows, a. a. O., S. 57.
32 Zur kosmischen Symbolik der Tempel im Alten Orient vgl. A. M. Hocart, *Kings and Councillors*, Kairo 1936, S. 220f.; R. Patai, a. a. O., S. 106f. Zur kosmischen Symbolik der Basiliken und Kathedralen siehe H. Sedlmayr, *Architektur als abbildende Kunst*, Österreichische Akademie der Wissenschaften, Sitzungsberichte, 225/3, Wien 1948; *Die Entstehung der Kathedrale*, Zürich 1950.
33 M. Eliade, *Images et symboles*.
34 M. Eliade, *Comentarii la legenda Meşterului Manole*, Bukarest 1943.
35 M. Sinclair Stevenson, *The Rites of the Twice-Born*, London 1920, S. 354 und Fn.

36 Auch Mephisto war der »Vater aller Hindernisse« (Goethe, *Faust*, V. 6205).
37 A. W. Howitt, *The Native Tribes of South-East Australia*, London 1904, S. 645 ff.; H. Callaway, *The Religious System of the Amazulu*, London 1869, S. 58.
38 A. van Gennep, *Tabou et totémisme à Madagascar*, Paris 1904, S. 27 ff.
39 Vgl. G. van der Leeuw, *Phänomenologie der Religion*, Tübingen 1933, S. 349 f., 360 f.
40 Vgl. E. S. C. Handy, *Polynesian Religion*, Honolulu, Hawaii, 1927, S. 10 f.; R. Pettazzoni, »Io and Rangi«, *Pro Regnos pro Sanctuario*, Hommage à G. von der Leeuw, Nijkerk 1950, S. 359 f.
41 J. W. E. Mannhardt, *Wald- und Feldkulte*, 2. Aufl., Berlin 1904-1905, Bd. 1, S. 169 f., 180 f.
42 Vgl. S. H. Hooke, *Myth and Ritual*, London 1933, S. 9, 19, 34 ff.
43 R. Labat, *Le caractère religieux de la royauté assyro-babylonienne*, Paris 1929, S. 247 f.; vgl. die Spuren eines ähnlichen mythisch-rituellen Komplexes in Israel, R. Patai, a. a. O., S. 90 f.
44 Siehe das betreffende Kapitel in M. Eliade, *Traité d'histoire des religions*, S. 303 f.
45 Für die kosmologische Bedeutung der »Orgie« vgl. Kap. II.
46 A. M. Hocart, *Le progrès de l'homme*, frz. Übers., Paris 1935, S. 188 f., 319; vgl. auch MacLeod, *The Origin and History of Politics*, New York–London 1931, S. 217 f.
47 Vgl. G. Dumézil, *Mythes et dieux des Germains*, Paris 1939, S. 99 f.; *Horace et les Curiaces*, Paris 1942, S. 126 f.
48 G. Dumézil, *Ouranos-Varuna*, Paris 1934, S. 42, 62.
49 Vgl. die klassischen Arbeiten Morets über den heiligen Charakter des ägyptischen Königtums und die Untersuchung Labats über das assyrisch-babylonische Königtum.
50 F. Ohrt, *Herba gratia plena*, Helsinki 1929, S. 17 f.; M. Eliade, »La mandragore et le mythe de la ›naissance miraculeuse‹«, *Zalmoxis*, 3, 1943, S. 23 f.; *Traité d'histoire des religions*, S. 257 f.
51 A. Delatte, *Herbarius*, 2. Aufl., Liège 1938, S. 100, 102.
52 Vgl. Platon, *Nomoi* 667-669; *Politikos* 306 d usw.
53 Siehe vor allem A. K. Coomaraswamy, »The Philosophy of Mediaeval and Oriental Art«, *Zalmoxis*, 1, 1938, S. 20-49; *Figures of Speech or Figures of Thought*, London 1946, S. 29-96.
54 A. W. Howitt, a. a. O., S. 543, 630.
55 F. E. Williams, zitiert bei L. Lévy-Bruhl, *La mythologie primitive*, Paris 1935, S. 162 f.
56 J. P. Harrington, zitiert bei L. Lévy Bruhl, a. a. O., S. 165.
57 M. Mauss, »Essai sur le don, forme archaique de l'échange«, *Année Sociologique* I, 2, Paris 1923/24 [dt.: *Die Gabe. Form und Funktion des Austauschs in archaischen Gesellschaften*, übers. v. E. Moldenhauer, Frankfurt 1968].
58 Siehe u. a. die Arbeiten von A. Coomaraswamy, »Vedic Exemplarism«, *Harvard Journal of Asiatic Studies*, 1, 1936, S. 44 f. und *The Rig-Veda as Land-nâma-bôk*.

59 G. Roeder (Hg.), *Urkunden zur Religion des alten Ägypten*, Jena 1915, S. 98f.

60 Vgl. die Belege in F. W. Hasluk, *Christianity and Islam under the Sultans*, Oxford 1929, Bd. 2, S. 649.

61 P. Caraman, »Geneza baladei istorice«, *Anuarul Arhivei de Folklor*, 1-2, Bukarest 1933.

62 Zu vergleichen auch der Mythos vom Maori-Heros Tawhaki, den seine Frau, eine vom Himmel herabgestiegene Fee, nach der Geburt ihres ersten Kindes verläßt.

63 Es ist hier nicht der Ort, das Problem des Kampfes zwischen dem Ungeheuer und dem Heros anzugehen (vgl. B. Schweitzer, *Herakles*, 1922; A. Lods, *Comptes rendus de l'Académie des Inscriptions*, 1943, S. 283f.). Es ist sehr wahrscheinlich, wie es G. Dumézil andeutet (*Horace et les Curiaces*, besonders S. 126f.), daß der Kampf des Helden gegen ein dreiköpfiges Ungeheuer die Verwandlung eines archaischen Initiationsritus in einen Mythos ist. Daß diese Initiation nicht immer dem »heroischen« Typ zuzurechnen ist, geht unter anderem aus den Parallelen in British Columbia hervor, die Dumézil anmerkt (S. 129f.) und in denen es sich ebenfalls um schamanische Initiation handelt. Während der heilige Georg in der christlichen Mythologie »heroisch« gegen den Drachen kämpft und ihn tötet, gelangen andere Heilige zum gleichen Resultat ohne Kampf (vgl. die französischen Legenden vom heiligen Samson, Julien, Marguerite, Bié usw.; P. Sébillot, *Le folklore de la France*, Paris 1904, Bd. 1, S. 468; Bd. 3, 1906, S. 298f.). Andererseits ist nicht zu vergessen, daß – neben seiner etwaigen Rolle in den Riten und Mythen der Helden-Initiation – der Drache in vielen anderen Überlieferungen (der ostasiatischen, indischen, afrikanischen usw.) Träger einer kosmischen Symbolik ist: er symbolisiert die Involution, die vorgestaltliche Seinsweise der Welt, das nicht zerstückelte »Eine« vor der Schöpfung (vgl. A. K. Coomaraswamy, *The Darker Side of the Dawn*, Washington 1935; »Sir Gawain and the Green Knight: Indra and Namuci«, *Speculum*, 19, 1944, S. 1-25). Aus diesem Grunde werden fast überall Schlangen und Drachen mit den »Herren des Ortes«, den »Autochthonen« identifiziert, mit denen die neu Ankommenden, die »Eroberer«, zu kämpfen haben, die den besetzten Landstrichen »Gestalt geben«, also sie »schaffen« müssen. (Zur Assimilation der Schlangen und der »Autochthonen« vgl. Ch. Autran, *L'épopée indoue*, Paris 1946, S. 66f.)

64 H. M. und N. K. Chadwick, *The Growth of Literature*, Cambridge 1939-1940, Bd. 2, S. 375f.

65 Siehe die Texte und die kritische Bibliographie in Chadwick, a.a.O., S. 309-342, 374-389 usw.

66 Ebd., Bd. 3, S. 762.

67 M. Murko, *La poésie populaire épique en Yougoslavie au début du xxe siècle*, Paris 1929, S. 29. Die Untersuchung der historischen und mythischen Elemente in den epischen Literaturen der Germanen, Kelten, Skandinavier usw. gehört nicht in den Rahmen der vorliegenden Arbeit. Der Leser wird gebeten, sich in dieser Hinsicht an die drei Bände der Arbeit Chadwicks zu halten.

KAPITEL II

1 M. P. Nilsson, »Primitive Time Reckoning«, Reg. Soc. Hum. Lett. Ludensis, *Acta* 1, Lund 1920, S. 270.

2 Vgl. F. Röck, »Das Jahr von 360 Tagen und seine Gliederung«, *Wiener Beiträge zur Kulturgeschichte und Linguistik*, 1, 1930, S. 253-288.

3 Ch. F. Jean, *La religion sumérienne*, Paris 1931, S. 168; H. Frankfort, »Gods and Myths in Sargonid Seals«, *Iraq*, 1, 1934, S. 21f.

4 Das gleiche bei den Hethitern, wo der Gott des Sturmes, Teshup, und die Schlange Illuyankash miteinander kämpfen und wo dieser Kampf während der Neujahrsfeierlichkeiten rezitiert wurde. Vgl. A. Götze, *Kleinasien*, Leipzig 1933, S. 130; G. Furlani, *La religione degli Hittiti*, Bologna 1936, S. 89.

5 Das Motiv der Erschaffung mit Hilfe des Körpers eines primordialen Wesens findet sich auch in andern Kulturen: in China, Indien, Iran, bei den Germanen.

6 R. Labat, *Le caractère religieux de la royauté assyro-babylonienne*, Paris 1929, S. 99; A. Götze, a. a. O., S. 130f.; I. Engnell, *Studies in Divine Kingship in the Ancient Near East,* Uppsala 1943, S. 11, 101. Es gibt gleichfalls in Jerusalem Spuren eines rituellen Kampfes; siehe weiter unten. Ein ähnlicher Kampf fand im Hippodrom von Konstantinopel bis in die letzten Jahrhunderte des byzantinischen Reiches statt; J. Malalas spricht in seiner *Chronographie* (Bonn 1831, S. 173-176) davon, und Benjamin von Tudela erwähnt dasselbe; siehe R. Patai, *Man and Temple in Ancient Jewish Myth and Ritual*, London 1947, S. 77f.

7 Belegmaterial, Interpretation und Bibliographie in H. Zimmern, *Zum babylonischen Neujahrsfest*, 2 Bde., Leipzig 1906, 1918; Berichte über die Verhandlungen der Kgl. Sächsischen Gesellschaft der Wissenschaften, Phil. Klasse 58, 3; 70, 5; S. A. Pallis, *The Babylonian Akîtu Festival*, Kopenhagen 1926; siehe auch die kritischen Bemerkungen, die H. S. Nyberg anführt, in *Monde Oriental*, 23, 1929, S. 204-211. R. Pettazzoni, »Der babylonische Ritus des Akîtu und das Gedicht der Weltschöpfung«, *Eranos-Jahrbuch*, 19, 1950, S. 403-430. Zu *zakmuk* und den babylonischen Saturnalien vgl. J. G. Frazer, *The Scapegoat* (Teil 6 von *The Golden Bough*, London 1907-1915), S. 356f.; R. Labat, a. a. O., S. 95f.; ein kühner Versuch, von den babylonischen Zeremonien alle anderen ähnlichen Riten abzuleiten, die im Mittelmeerbecken, in Asien, in Nord- und Mitteleuropa zu finden sind, in W. Liungman, *Traditionswanderungen: Euphrat–Rhein*, 2 Bde., Helsinki 1937-1938, Bd. 1, S. 290f. und passim. Vgl. auch S. H. Hooke, *The Origins of Early Semitic Ritual*, London 1938, S. 57f. Die gleichen Neujahrsriten in Tibet; vgl. R. Bleichsteiner, *Die gelbe Kirche*, Wien 1937, frz. Übers.: *L'église jaune*, Paris 1937, S. 231f.

8 Aber vgl. auch O. E. Briem, *Les sociétés secrètes des mystères*, Übers. aus dem Schwedischen, Paris 1941, S. 131.

9 A. J. Wensinck, »The Semitic New Year and the Origin of Eschatology«, *Acta Orientalia*, 1, 1923, S. 158-199.

10 Ebd., S. 168. Andere Texte in R. Patai, a. a. O., S. 68ff.

11 *Rosh Hashshana* 1, 2; A. J. Wensinck, a. a. O., S. 163; R. Patai, a. a. O.,

S. 24f. Rabbi Yishmael und Rabbi Akiba sind sich in diesem Punkt einig: daß das Tabernakelfest die Zeit darstellt, an der im Himmel die Wassermenge für das kommende Jahr festgesetzt wird; vgl. R. Patai, a. a. O., S. 41.

12 *Hymn. Epiph.* VIII, 16; A. J. Wensinck, a. a. O., S. 169.

13 Vgl. A. R. Johnson, »The Rôle or the King in the Jerusalem Cultus«, in: *The Labyrinth*, hg. v. S. H. Hooke, London 1938, S. 79f.; siehe auch R. Patai, a. a. O., S. 73ff.

14 Siehe die Stellungnahme des *Talmud* zu den orgiastischen Exzessen, in R. Pettazzoni, *La confessione dei peccati*, Bologna 1935, Bd. 2, S. 229. Derselbe Tatbestand in Hierapolis; vgl. Lukian, *De dea Syra*, S. 20; R. Patai, a. a. O., S. 71f.

15 A. a. O., S. 171.

16 Ephraim der Syrer, *Hymn.* 1, 1.

17 J. Darmesteter, *Le Zend-Avesta*, 3 Bde., Paris 1892-1893, Bd. 2, S. 640 Fn. 138.

18 *Cosmographie*, zitiert bei A. Christensen, *Le premier homme et le premier roi*, Uppsala–Leiden 1934, Bd. 2, S. 147.

19 *Ta'anit*, fol. 2a; A. J. Wensinck, a. a. O., S. 173.

20 E. S. Drower, *The Mandaeans of Iraq and Iran*, Oxford 1937, S. 86; H. Lassy, *Muharram Mysteries*, Helsinki 1916, S. 219, 223. Vgl. J. G. Frazer, *Adonis, Attis, Osiris*, frz. Übers., S. 252f., und zuletzt W. Liungman, a. a. O., S. 103f., der den Versuch macht, diesen Brauch von den osirischen Riten herzuleiten.

21 Siehe die von J. Marquart gesammelten Texte, »The Nawrôz, its History and its Significance«, *Journal of the Cama Oriental Institute*, 31, Bombay 1937, S. 1-51, bes. S. 16f. (Das deutsche Original des Aufsatzes erschien im *Dr. Modi Memorial Volume*, S. 709-765.)

22 Muhammad Ibn Ahmad Albîrunî, *The Chronology of Ancient Nations*, übers. v. E. Sachau, London 1879, S. 199.

23 A. Christensen, a. a. O., S. 149.

24 M. Albîrunî, a. a. O., S. 201; Qazwînî, übers. v. A. Christensen, a. a. O., S. 148.

25 M. Albîrunî, S. 200.

26 Ebd., S. 202f.

27 Ebd. Zu den Naurôz-Zeremonien im 19. Jahrhundert siehe J. E. Polak, *Persien. Das Land und seine Bewohner*, Leipzig 1868, Bd. 1, S. 367f. Ähnliche Vorstellungen sind bei den Juden anzutreffen: schon in der talmudischen Epoche sagte man im Neujahrsgebet: »*This day is the beginning of year works, a remembrance of the first day*«, *Rosh Hashshana*, 27a; zitiert bei R. Patai, a. a. O., S. 69.

28 Vgl. auch E. S. Drower, a. a. O., S. 87; G. Furlani, *Testi religiosi degli Yezidi*, Bologna 1930, S. 59f.

29 Vgl. J. G. Frazer, a. a. O., S. 215f.; G. Dumézil, *Le problème des centaures*, Paris 1929, S. 39f.; P. Saintyves (E. Nourry), *L'astrologie populaire*, Paris 1937, S. 61f. Siehe auch M. Granet, *La pensée chinoise*, Paris 1934, S. 107 (dt.: *Das chinesische Denken*, München 1963).

30 M. Albîrunî, a. a. O., S. 208.

31 Texte besprochen bei F. Cumont, »La fin du monde selon les mages occidentaux«, *Revue de l'Histoire des Religions*, Januar-Juni 1931, S. 76f. Vgl. auch W. Bousset, *Der Antichrist in der Überlieferung des Judentums, des Neuen Testaments und der alten Kirche*, Göttingen 1895, S. 129f.

32 O. Höfler, *Kultische Geheimbünde der Germanen*, Frankfurt a.M. 1934, Bd. 1; W. Liungman, a.a.O., Bd. 2, S. 426f. und passim; O. Huth, *Janus*, Bonn 1932; J. Hertel, *Das indogermanische Neujahrsopfer im Veda*, Leipzig 1938.

33 O. Höfler, a.a.O., passim; A. Slawik, »Kultische Geheimbünde der Japaner und Germanen«, *Wiener Beiträge zur Kulturgeschichte und Linguistik*, 4, Salzburg–Leipzig 1936, S. 675-764. Im alten Nahen Osten glaubte man ebenfalls, die Toten kämen anläßlich der Jahreszeitenfeiern zurück; vgl. T. H. Gaster, *Thespis. Ritual, Myth and Drama in the Ancient Near East*, New York 1950, S. 28f.

34 P. Saintyves, *Essais de folklore biblique*, Paris 1923, S. 30f.; J. Hertel, a.a.O., S. 52; G. Dumézil, a.a.O., S. 146; O. Huth, a.a.O., S. 146; M. Granet, *Danses et légendes de la Chine ancienne*, 2 Bde., Paris 1928, Bd. 1, S. 155; L. Vannicelli, *La religione dei Lolo*, Mailand 1944, S. 80; Liungman, a.a.O., S. 473f.

35 Vgl. G. Dumézil, a.a.O., S. 148f. und passim; die Initiationen bei den Hopi finden immer zu Neujahr statt; vgl. L. Spence, in: *Encyclopaedia of Religions and Ethics*, 13 Bde., Edinburg 1908-1923, Bd. 3, S. 67.

36 Die Rolle der »Orgie« in den Ackerbaugemeinschaften ist, wohlverstanden, sehr viel komplexer. Die sexuellen Exzesse übten einen magischen Einfluß auf die kommende Ernte aus. Aber man kann immer die Tendenz zu einer gewaltsamen Verschmelzung aller Formen erkennen, mit anderen Worten: die Tendenz zur Reaktualisierung des Chaos vor der Schöpfung. Siehe das betreffende Kapitel über die Ackerbaumysterien in M. Eliade, *Traité d'histoire des religions*, S. 285f.

37 A. Slawik, a.a.O.

38 Ebd., S. 762.

39 M. Oka, *Kulturgeschichte in Altjapan*, deutsche Übersetzung nach dem japanischen Manuskript.

40 A. Slawik, a.a.O., S. 679f.

41 P. E. Goddard, *Life and Culture of the Hupa*, University of California Publications in American Archaeology and Ethnology, Berkeley 1903, Nr. 1, S. 82f.; A. L. Kroeber, *Handbook of the Indians of California*, Berkeley 1925, University of California Publications, 78, S. 53f., A. L. Kroeber und E. W. Gifford, »World Renewal. A Cult System of Native Northwest California«, *Anthropological Records*, 13, Nr. 1, University of California 1949, S. 1f., 105f. Anderswo in Amerika gedenkt man jährlich der Sintflut, d.h. man reaktualisiert die große Katastrophe, die der Menschheit mit Ausnahme des mythischen Ahnen ein Ende gesetzt hatte; vgl. J. G. Frazer, *Folklore in the Old Testament*, London 1918, Bd. 1, S. 293f. Zum Mythos der periodischen Zerstörung und Neuschaffung der Welt in den archaischen Kul-

turen siehe F. R. Lehmann, »Weltuntergang und Welterneuerung im Glauben schriftloser Völker«, *Zeitschrift für Ethnologie*, 71, 1939.

42 Vgl. M. Eliade, *Schamanismus und archaische Ekstasetechnik*, Frankfurt a. M. 1975, S. 301 f.

43 M. Eliade, *Comentarii*; vgl. auch das vorhergehende Kapitel.

44 *Jüdische Altertümer* III, 7, 7.

45 P. Mus, *Barabudur*, Hanoi 1935, Bd. 1, S. 384 f.; über die »erbaute Zeit« siehe ebd., Bd. 2, S. 733-789.

46 A. M. Hocart, *Kingship*, London 1927, S. 189 f.

47 Vgl. M. Eliade, *Comentarii*, S. 56 f.

48 W. Koppers, *Die Bhil in Zentralindien*, Horn–Wien 1948, S. 241 f.

49 E. S. C. Handy, *Polynesian Religion*, Honolulu 1927, S. 10 f.

50 M. C. Wheelwright, *Navajo Creation Myth. The Story of the Emergence*, Museum of Navajo Ceremonial Art, Santa Fé, New Mexico, 1942, S. 19, auch S. 25 f., 32 f.

51 C. Thompson, *Assyrian Medical Texts*, London 1923, S. 59.

52 M. Eliade, *Traité d'histoire des religions*, S. 142.

53 In den indo-europäischen Sprachen stammen die meisten Bezeichnungen für Monat und Mond von der Wurzel *me*, die im Lateinischen neben *mensis* auch *metior*, »messen«, hervorgebracht hat.

54 Vgl. das Kapitel über den Mond in M. Eliade, *Traité d'histoire des religions*.

55 Siehe die schöne Darstellung von H.-Ch. Puech, »La gnose et le temps«, *Eranos-Jahrbuch*, 20, 1951, S. 60 f.: »Beherrscht von einem Ideal der Intelligibilität, die das wahre und vollständige Sein dem gleichsetzt, was in sich ruht und mit sich selbst identisch bleibt, dem Ewigen und Unveränderlichen, hält der Grieche die Bewegung und das Werden für niedere Grade der Wirklichkeit, in denen die Identität – günstigstenfalls – nur noch in Form von Beständigkeit und Dauer und daher also von Wiederholung wahrgenommen wird. Die kreisförmige Bewegung, die die Erhaltung der gleichen Dinge gewährleistet, indem sie sie wiederholt und ihre ständige Wiederkehr herbeiführt, ist der spontanste, vollkommenste (und deshalb dem Göttlichen nächste) Ausdruck dessen, was an der Spitze der Hierarchie absolute Unbeweglichkeit ist. Nach der berühmten Definition Platons ist die Zeit, die durch den Umlauf der himmlischen Sphären bestimmt und bemessen wird, bewegliches Abbild der unbeweglichen Ewigkeit, die sie nachahmt, indem sie im Kreis abläuft. Folglich wird sich das gesamte kosmische Werden und ebenso die Dauer dieser Welt des Entstehens und Vergehens, in der wir leben, im Kreis vollziehen oder gemäß einer unendlichen Folge von Zyklen, in deren Ablauf dieselbe Wirklichkeit geschieht, sich auflöst, wiedergeschieht, gesetzmäßig und in ewig gleichem Wechsel. Darin wird nicht nur die gleiche Menge an Sein bewahrt, ohne daß etwas verlorengeht oder neu geschaffen wird, sondern einige Denker der ausgehenden Antike – Pythagoreer, Stoiker, Platoniker – haben obendrein die These aufgestellt, daß im Inneren jedes dieser Zyklen der Dauer, dieser Äonen, dieser *aeva* die gleichen Situationen erzeugt werden, die schon in den vorhergehenden Zyklen erzeugt wurden und in den folgenden Zyklen

erzeugt werden – *ad infinitum.* Kein Ereignis ist einzigartig oder geschieht nur ein einziges Mal (die Verurteilung und der Tod des Sokrates z.B.), sondern es ist geschehen, geschieht und wird unaufhörlich geschehen; dieselben Individuen sind erschienen, erscheinen und werden bei jeder Umdrehung des Kreises um sich selbst wieder erscheinen. Die kosmische Dauer ist Wiederholung und *ankylosis*, ewige Wiederkehr.«

KAPITEL III

1 Siehe auch weitere Beispiele in M. Eliade, *Traité d'histoire des religions,* Kap. II.

2 Betonen wir noch einmal, daß unter dem Blickpunkt der ahistorischen Völker oder Klassen das »Leid« der »Geschichte« gleichzusetzen ist. Diese Gleichsetzung kann sogar in unseren Tagen in den bäuerlichen Kulturen Europas noch gefunden werden.

3 G. Widengren, *King and Saviour.* II: *Mesopotamian Elements in Manichaeism*, Uppsala 1946.

4 Vgl. G. van der Leeuw, »Urzeit und Endzeit«, *Eranos-Jahrbuch*, 17, Zürich 1950, S. 11-51.

5 Ohne die religiösen Eliten, und vor allem ohne die Propheten, wäre das Judentum nicht allzu verschieden von der Religion der jüdischen Kolonie in Elephantine, die bis zum 5. Jahrhundert vor Christus die palästinensische Volksreligion bewahrt hat; vgl. A. Vincent, *La religion des Judéo-Araméens d'Éléphantine*, Paris 1937. Die »Geschichte« hatte es diesen Juden in der »Diaspora« gestattet, neben Jahwe (Jaho) in einem bequemen Synkretismus andere Gottheiten zu bewahren (Bethel, Harambethel, Ashûmbethel und sogar die Göttin Anat). Das bedeutet eine weitere Bestätigung der Wichtigkeit, die der »Geschichte« in der Entwicklung der religiösen Erfahrung der Juden und ihrer dauernden Aufrechterhaltung unter erhöhtem Druck zukommt. Denn wir wollen nicht vergessen, daß Judentum und Messianismus vor allem durch den Druck der zeitgenössischen Geschichte gültig geworden sind.

6 Vielleicht ist es nicht ohne Nutzen, darauf hinzuweisen, daß sich das, was man im jüdisch-christlichen Sinn »Glauben« genannt hat, in strukturellem Betracht von den archaischen religiösen Erfahrungen unterscheidet. Deren religiöse Authentizität und Gültigkeit dürfen nicht in Zweifel gezogen werden, denn sie basieren auf einer überall zu belegenden Dialektik des Heiligen. Aber die Erfahrung des »Glaubens« ist einer neuen Theophanie zu verdanken, einer neuen Offenbarung, die für die betreffenden Eliten die Gültigkeit der anderen Hierophanien ausgelöscht hat. Zu diesem Gegenstand siehe unser *Traité d'histoire des religions*, Kap. I.

7 Das bedingt nicht etwa eine Nichtreligiosität dieser Volksschichten (die zumeist ländlicher Struktur sind), sondern allein die »überlieferte« (archetypale) Neubewertung, die sie der christlichen Erfahrung zukommen ließen.

8 Vgl. J. Hastings, *Encyclopaedia of Religion and Ethics*, Bd. I, S. 200f.

9 Zweifellos angeregt durch den astrologischen Aspekt des *yuga*, bei dessen Erstellung die astronomischen Einflüsse Babylons nicht ausgenommen werden können; vgl. A. Jeremias, *Handbuch der altorientalischen*

Geisteskultur, 2. Aufl., Berlin–Leipzig 1929, S. 303. Siehe auch E. Abegg, *Der Messiasglaube in Indien und Iran*, Berlin 1928, S. 8f.; I. Scheftelowitz, *Die Zeit als Schicksalsgottheit in der indischen und iranischen Religion*, Stuttgart 1929; D. R. Mankad, »Manvantara-Caturyuga-Method«, *Annals of the Bhandarkar Oriental Research Institute*, Silver Jubilee Volume, 23, Poona 1942, S. 271-290; M. Eliade, »Le temps et l'éternité dans la pensée indienne«, *Eranos-Jahrbuch*, 20, 1951, S. 219-252; *Images et symboles*, Paris 1952, Kap. II [dt.: *Ewige Bilder und Sinnbilder*, übers. v. T. Sapper, Freiburg i. Br. 1958].

10 Vgl. Asanga, *Mahâyânasamparigraha* v, 6; L. de La Vallée-Poussin, *Vijñaptimâtratâsiddhi*, Paris 1929, S. 731f. usw. Über die *asankheyya*-Rechnung vgl. die Anmerkungen von de La Vallée-Poussin in *Abhidarmakosa*, Paris 1923-1926, Bd. 3, S. 188f.; Bd. 4, S. 224, und *Mahâprajñâpâramitâsâstra* von Nâgârjuna, übers. nach der chinesischen Version von E. Lamotte, *Le traité de la grande vertue de sagesse*, Louvain 1944, Bd. 1, S. 247f. Zu den philosophischen Zeitvorstellungen vgl. de La Vallée-Poussin, »Documents d'Abhidharma. La controverse du temps«, *Mélanges chinois et bouddhiques*, 5, Brüssel 1937, S. 1-158, und S. Schayer, *Contributions to the Problem of Time in Indian Philosophy*, Krakau 1938; S. Stevenson, *The Heart of Jainism*, London 1915, S. 272f.

11 Vgl. die Arbeiten von M. Eliade, *Techniques du Yoga*, Paris 1948, Kap. IV, *Le yoga. Immortalité et liberté*, Paris 1954 [dt.: *Yoga. Unsterblichkeit und Freiheit*, übers. v. I. Köck, Frankfurt am Main 1977, Kap. V].

12 Vgl. E. Bignone, *Empedocle*, Turin 1916, S. 548f.

13 Dikearchos, zitiert bei Porphyrios, *Vita Pythagorae* 19.

14 J. Bidez, *Eos, ou Platon et l'Orient*, Brüssel 1945, wo besonders die Untersuchungen von F. Boll, C. Bezold, W. Gundel, W. Jäger, A. Götze, J. Stenzel und die manchmal so angegriffenen Auslegungen Reitzensteins herangezogen werden.

15 Vgl. J. Carcopino, *Virgile et le mystère de la IVe églogue*, durchgesehene und vermehrte Ausg., Paris 1943, S. 72f.; F. Cumont, »La fin du monde selon les mages occidentaux«, *Revue de l'Histoire des Religions*, Januar-Juni 1931, S. 89f.

16 Vgl. J. Bidez, a. a. O., S. 76.

17 Ebd., S. 83.

18 Z.B. Chrysippos, Fr. 623-627.

19 Schon bei Zenon; vgl. Fr. 98 und 109 (H. F. A. von Arnim, *Stoicorum veterum fragmenta* I, Leipzig 1921).

20 A. a. O., S. 39f.

21 Nach der Übersetzung von J. Darmesteter in: *Le Zend-Avesta*, Paris 1892.

22 Vgl. »Questions de cosmogonie et de cosmologie mazdéennes«, *Journal Asiatique*, 214, 219, Paris 1929, 1931; siehe auch I. Scheftelowitz, a. a. O.; R. C. Zaehner, »Zuvanica«, *Bulletin of the School of Oriental and African Studies*, 9, 1937-1939, S. 303f., 573f., 871f.; H. H. Schaeder, »Der iranische Zeitgott und sein Mythos«, *Zeitschrift der Deutschen Morgenländischen Gesellschaft*, 95, 1941, S. 268f.; H. Corbin, »Le temps cyclique dans le mazdéisme et dans l'ismaélisme«, *Eranos-Jahrbuch*, 20, 1951, S. 156f.

23 Vgl. F. Cumont, a. a. O., S. 71f.
24 A. a. O., S. 41f., 235.
25 *Bundahishn*, Kap. 1 (H. S. Nyberg, a. a. O., S. 214f.).
26 Die orientalische und jüdisch-christliche Symbolik des Ganges durch das Feuer ist von C. M. Edsman, *Le baptême de feu*, Uppsala 1940, untersucht worden.
27 Vgl. F. Cumont, a. a. O., S. 68f.
28 Ebd., S. 70 Fn. 5.
29 Vgl. ebd., S. 72.
30 Texte bei ebd., S. 78 Fn. 1.
31 *Div. Inst.* VII, 17, 9; F. Cumont, a. a. O., S. 81.
32 Vgl. z.B. *Testamentum Abrahami, Ethica Enochi*, usw.
33 Zu den kosmischen Zeichen, die den Messias nach der rabbinischen Literatur ankündigen, siehe R. Patai, *Man and Temple*, London 1947, S. 203f.
34 J. Hastings, *Encyclopaedia of Religion and Ethics*, Bd. 1, S. 187b.
35 I. Egnell, *Studies in Divine Kingship in the Ancient Near East*, Uppsala, 1943, S. 43f., 68; A. Jeremias, a. a. O., S. 32f.
36 *Odyssee* XIX, 108f.; Hesiod, *Erga* 225-227; M. Eliade, *Traité d'histoire des religions*, S. 224; R. Patai, a. a. O., S. 180 (rabbinische Literatur); L. Wieger, *Histoire des croyances religieuses et des opinions philosophiques en Chine*, Hsien-Hsien 1922, S. 64.
37 Unter vielen anderen Befreiungen hat das Christentum auch die Befreiung vom astral bedingten Schicksal gebracht: »Wir stehen über dem Schicksal«, schrieb Tatian (*ad Graecos* 9), indem er so die ganze christliche Lehre zusammenfaßt. »Die Sonne und der Mond sind für uns geschaffen worden; wie also könnte ich anbeten, was geschaffen ist, um mir zu dienen?« (ebd. 4). Vgl. auch Augustinus, *De civitate Dei* XII, Kap. X-XII; zu den Vorstellungen des Basilius, Origenes, Gregor und Augustin und zu ihrem Widerstand gegen die zyklischen Theorien siehe P. Duhem, *Le système du monde*, Paris 1913, Bd. 2, S. 446f. Vgl. auch H.-Ch. Puech, »La gnose et le temps«, *Eranos-Jahrbuch*, 20, 1951, S. 68f.
38 J. Hubaux, *Les grands mythes de Rome*, Paris 1945; J. Carcopino, a. a. O.
39 Lucanus, *Pharsalia* 639, 642-45; J. Carcopino, a. a. O., S. 147.
40 J. Carcopino, a. a. O., S. 52f.
41 Vgl. ebd., S. 45 usw.
42 *His ego nec metas rerum nec tempora pono: imperium sine fine dedi*; vgl. J. Hubaux, a. a. O., S. 128f.
43 J. Carcopino, a. a. O., S. 200.

KAPITEL IV

1 H.-Ch. Puech, »La gnose et le temps«, *Eranos-Jahrbuch*, 20, 1951, S. 70f. Vgl. auch H.-Ch. Puech, »Temps, histoire et mythe dans le christianisme des premiers siècles«, *Proceedings of the VIIth Congress for the History of Religions*, Amsterdam 1951, S. 33-52.
2 P. Duhem, *Le système du monde*, Paris 1913f.; L. Thorndike, *A History*

of Magic and Experimental Science, New York 1929; P. A. Sorokin, *Social and Cultural Dynamics*, Bd. 2, New York 1937.

3 A. Thorndike, a. a. O., S. 455 f.; P. A. Sorokin, a. a. O., S. 371.

4 P. Duhem, a. a. O., S. 223 f.

5 Ebd., Bd. 5, S. 225 f.; A. Thorndike, a. a. O., S. 267 f., 416 f. usw.; P. A. Sorokin, a. a. O., S. 371.

6 A. a. O., S. 372.

7 Es war für die westliche Welt wahrhaft tragisch, daß die prophetisch-eschatologischen Spekulationen Joachims so bald in Vergessenheit geraten sind, obwohl sie doch das Denken eines Franz von Assisi, eines Dante und eines Savonarola beeinflußt und befruchtet hatten; tragisch, daß der Name des kalabrischen Mönches nur weiterleben sollte, um eine Menge apokrypher Schriften zu decken. Das Bevorstehen der geistigen Freiheit nicht nur in Beziehung zu den Dogmen, sondern auch zur Gesellschaft (eine Freiheit, die Joachim als eine Notwendigkeit der göttlichen und zugleich der historischen Dialektik ansah) wurde später in den Ideen der Renaissance und der Reformation wieder angenommen, aber in ganz anderen Begriffen und nach ganz anderen geistigen Einstellungen.

8 P. A. Sorokin, a. a. O., S. 379 f.

9 Vgl. A. Rey, *Le retour éternel et la philosophie de la physique*, Paris 1927; P. A. Sorokin, *Contemporary Sociological Theories*, New York 1928, S. 728-741; A. J. Toynbee, *A Study of History*, Bd. 3, London 1934; E. Huntington, *Mainsprings of Civilization*, New York 1945, bes. S. 453 f.; J.-C. Antoine, »L'éternel retour de l'histoire deviendra-t-il objet de science?«, *Critique*, 27, August 1948, S. 723 f.

10 P. A. Sorokin, a. a. O., S. 383 Fn. 80.

11 Betonen wir vor allem, daß die Begriffe »Historismus« und »Historizismus« auch ganz verschiedene und gegensätzliche Richtungen und philosophische Strömungen bezeichnen. Es genügt, an den vitalistischen Relativismus Diltheys, an den *storicismo* Croces, den *attentualismo* Gentiles und die »Historische Vernunft« Ortegas zu erinnern, um die Vielfalt der philosophischen Geschichtswertungen während der ersten Hälfte des 20. Jahrhunderts aufzuzeigen. Zur Haltung Croces siehe sein Buch *La storia come pensiero e come azione*, Bari 1938. Vgl. auch Ortega y Gasset, *Historia como sistema*, Madrid 1941; K. Mannheim, *Ideologie und Utopie*, 4. verm. Ausg., Frankfurt a. M. 1965. Zum Problem der Geschichte siehe auch P. L. Entralgo, *Medicina e Historia*, Madrid 1941, und K. Löwith, *Meaning in History*, Chicago 1949 [dt.: *Weltgeschichte und Heilsgeschehen*, übers. v. H. Kesting, 3. Aufl., Stuttgart 1953].

12 Wir erlauben uns übrigens zu betonen, daß der »Historizismus« vor allem von solchen Denkern geschaffen und vertreten worden ist, für deren Völker die Geschichte nie ein *fortdauernder* Schrecken war. Diese Denker hätten vielleicht einen anderen Standpunkt eingenommen, wenn sie Völkern angehört hätten, die von der »Fatalität der Geschichte« gezeichnet waren. Man möchte jedenfalls gern wissen, ob die Theorie, nach der alles, was geschieht, »gut ist«, eben weil es

geschieht, leichten Herzens von Denkern der baltischen Länder, der Balkanländer oder der Kolonien angenommen worden wäre.

13 Mit »moderner Mensch« ist hier jener gemeint, der sich ausschließlich als historisches Wesen versteht, d. h. vor allem der »Mensch« des Historizismus, Marxismus und Existentialismus. Unnötig hinzuzufügen, daß nicht alle Modernen sich in einem solchen Menschen wiedererkennen.

14 Siehe dazu M. Eliade, *Traité d'histoire des religions*, S. 340f.

15 Ohne von den Möglichkeiten »magischer Schöpfung« in den archaischen Gemeinschaften zu sprechen, die nicht ohne Wirklichkeit sind.

16 Nur durch eine Argumentation dieser Art könnte man eine Soziologie des Bewußtseins begründen, die nicht zum Relativismus und Skeptizismus führte. Die ökonomischen, sozialen, nationalen, kulturellen und anderen »Einflüsse« auf die »Ideologien« (in dem Sinn verstanden, den K. Mannheim diesem Begriff gibt) würden deren objektiven Wert nicht auslöschen. Nicht anders als das Fieber oder die Vergiftung, die einem Dichter zu einer neuen poetischen Schöpfung verhelfen, ja auch deren Wert nicht herabsetzen. Alle diese sozialen, ökonomischen und anderen »Einflüsse« würden im Gegenteil *Gelegenheiten* sein, ein geistiges Universum unter neuen Blickpunkten zu betrachten. Aber es versteht sich von selbst, daß die Soziologie des Bewußtseins, das heißt die Untersuchung der soziologischen Bedingtheit der Ideologien, dem Relativismus nur entgehen könnte, wenn sie die Autonomie des Geistes bestätigte – was, wenn wir recht verstehen, K. Mannheim nicht zu bestätigen wagt.

17 Man hüte sich, solche Behauptungen hochmütig und einzig deshalb beiseite zu schieben, weil sie die Möglichkeit des Wunders einschließen. Wenn es seit dem Erscheinen des Christentums so selten Wunder gegeben hat, so liegt die Schuld daran nicht beim Christentum, sondern bei den Christen.

Namenregister

Alphabetisches Gesamtverzeichnis der suhrkamp taschenbücher

1/2/6.84

1/3/6.84

1/4/6.84

1/5/6.84

1/6/6.84

1/7/6.84

1/8/6.84

1/9/6.84

1/10/6.84

1/11/6.84

1/12/6.84

1/13/6.84